Floriculture
拈花惹草

魏朝霞 编著

成都时代出版社

生机勃勃的绿意生活

　　置一株山茶花,让阳台绽放别致的风景;摆一盆君子兰,为客厅的几案增添一分生动;落地窗前冬夏长青的富贵竹,卧房窗台上玲珑可爱的钻石玫瑰……居家环境的美化,离不开花草树木的点缀。当您打开家门,盎然绿意就迎面而来。

　　栽下一棵清俊的滴水观音,悬挂几处飘逸的吊兰,沙发转角处安放一盆青葱的绿萝,它们都是高效的空气净化使者,为您和家人提供清新的空气。

　　当精心培育的杜鹃绽放,野趣别致的鸟巢蕨吐露新芽,蝴蝶兰在微风中摇曳彩蝶双翼一样的花瓣,它们盛放的花朵、茁壮的茎叶,都是对您辛勤栽培和悉心护理照料的无声回报,它们的美丽让您忘却工作的繁忙和琐事的烦扰。

　　盆栽花草就是这样一位家居生活必不可少的美丽大使、一瓶纯天然的空气清新剂,更是一个怡情养性的良朋益友。我们的这本书,正是为了让您更好地了解和善待这位不言语的好朋友。翻开书页,涌动的绿意和生活的情趣就映入您的眼帘。

　　您会看到70多种各具特色的家居观赏盆栽植物,按观花和观叶分为了两大类别。观花类盆栽中,既有"兰中皇后"蝴蝶兰、"香草之后"薰衣草、"室内盆栽小皇后"非洲紫罗兰等这些冠冕加身的花卉品种,也有常见的水仙、月季、三角梅等四季花卉,还有一些深受喜爱的引进花种,如来自非洲的虎刺梅、美洲的万寿菊、地中海的金鱼草等,草等，它们不同情致的绽放，一定会令您陶醉。观叶类则汇集了文竹、吊兰、仙人球、芦荟、红掌、常春藤等常见小型盆栽，以及发财树、滴水观音、南洋杉、罗汉松等现代家居热选的大型植物，它们葱郁的形象，让您的家充满勃勃生机。

　　本书详细地介绍了这些盆栽花木从选择到培育、护理的多方面知识，从选购时的各种注意事项，到养护中的各项要点，例如土质要求、浇水施肥的量及频率、光照与湿度、病虫害防治、应对季节变化等，同时还教您如何对盆栽进行修剪整形、分株、繁殖、换盆等操作方法和要领。本书图文并茂，介绍详尽周全，相信您看完后，一定能成为美化家居的"绿手指"，创造让您和家人都赏心悦目的鲜绿生活！

目录 CONTENTS

Part 1 改变生活，从一花一草开始
Floriculture Improves Your Life

- 一、如何挑选花草? ……………………………… 2
- 二、植物的常见分类 ……………………………… 3
- 三、盆栽种植养护必备工具及材料 ……………… 4
- 四、种得活也要种得漂亮——日常养护管理 …… 9

Part 2 家居常见观花盆栽植物35种
Common Foliage Potted Plants

- ◇ 蝴蝶兰 ……………………… 18
- ◇ 大花蕙兰 …………………… 20
- ◇ 文心兰 ……………………… 22
- ◇ 君子兰 ……………………… 24
- ◇ 水仙花 ……………………… 26
- ◇ 月季 ………………………… 28
- ◇ 梅花 ………………………… 30
- ◇ 钻石玫瑰 …………………… 32
- ◇ 百合 ………………………… 34
- ◇ 非洲紫罗兰 ………………… 36
- ◇ 虎刺梅 ……………………… 38
- ◇ 康乃馨 ……………………… 39
- ◇ 五彩石竹 …………………… 40
- ◇ 薰衣草 ……………………… 42
- ◇ 一串红 ……………………… 44
- ◇ 万寿菊 ……………………… 45
- ◇ 大波斯菊 …………………… 46
- ◇ 勋章菊 ……………………… 48
- ◇ 瓜叶菊 ……………………… 50
- ◇ 大丽花 ……………………… 52
- ◇ 山茶花 ……………………… 54
- ◇ 杜鹃花 ……………………… 56
- ◇ 比利时杜鹃 ………………… 58
- ◇ 金鱼草 ……………………… 60
- ◇ 荷包花 ……………………… 62
- ◇ 矮牵牛 ……………………… 64
- ◇ 酢浆草 ……………………… 66
- ◇ 风信子 ……………………… 68
- ◇ 鸿运当头 …………………… 70
- ◇ 三角梅 ……………………… 72
- ◇ 睡莲 ………………………… 74
- ◇ 宝莲灯花 …………………… 76
- ◇ 玫瑰海棠 …………………… 78
- ◇ 欧洲报春花 ………………… 80
- ◇ 桔梗 ………………………… 82

Part 3 家居常见观叶盆栽植物38种
Common Blossom Potted Plants

- 文竹 …… 86
- 吊兰 …… 88
- 万年青 …… 90
- 巴西铁 …… 92
- 马尾铁 …… 93
- 富贵竹 …… 94
- 虎尾兰 …… 96
- 酒瓶兰 …… 98
- 常春藤 …… 100
- 福禄桐 …… 102
- 发财树 …… 104
- 仙人掌 …… 106
- 仙人球 …… 108
- 金手指 …… 110
- 玉蜻蜓 …… 111
- 龙骨 …… 112
- 一品红 …… 114
- 玉麒麟 …… 116
- 含羞草 …… 117
- 富贵树 …… 118
- 花叶络石 …… 119
- 芦荟 …… 120
- 黑金刚 …… 122
- 绿萝 …… 124
- 红掌 …… 126
- 白掌 …… 128
- 滴水观音 …… 130
- 金钱树 …… 132
- 金钻 …… 134
- 观音莲 …… 135
- 网纹草 …… 136
- 鸟巢蕨 …… 138
- 波斯顿蕨 …… 139
- 铁线蕨 …… 140
- 南洋杉 …… 142
- 罗汉松 …… 143
- 平安树 …… 144

Part 4 四季变化的应对管理方法
Tips of Four Seasons' Care

- 一、春季 …… 148
- 二、夏季 …… 148
- 三、秋季 …… 149
- 四、冬季 …… 150

附录：盆栽植物索引
Potted Plants Index ……151

Part 1
改变生活，从一花一草开始
Floriculture Improves Your Life

姿态万千、芳香醉人的花草似乎被上帝赋予了神奇的气韵。能生活在花草之间是一件非常美好的事情，因为，有植物的地方，就有恬淡、悠闲的生活情调。如今，虽然我们居住在喧闹的城市，远离了自然的山林和花草，但通过人工种植花草，也能让身边常有花草相随。

然而，将生长于天地间、吸收自然灵气的植物移植到一方阳台，甚至是一个小小的花盆内，要想让它们焕发勃勃生机，并不是件简单的事情。植物的健康成长离不开阳光、水分、肥料等，满足了这些生长最基本的条件，还要注意病虫害的防治以及剪枝、换盆等。如果缺乏精心的养护，植物很容易就会出现各种不良状况，导致死亡。

盆栽的种植养护过程虽然有点辛苦，但"拈花惹草"的时光带给你的快乐却能让你觉得所有的付出都是值得的！

一、如何挑选花草？
How to Choose Plants?

选择一盆好的植物，是种植成功的第一步。一般可以在花市、花圃、观光农场、园艺卖场、花店等地方买到。市场上出售的花草主要有用7.5厘米黑软盆装的"成苗"以及13~18厘米盆的成株。在选购花草之前，要先学习几招，才能买到满意又健康的植物。

1. 别被表象迷惑

你肯定碰到过这样的事情：明明买回去的花看起来很美，叶子也很绿，没过多久就枯萎了。

这可能是因为在购买时以貌取花，被郁郁葱葱、花果累累的假象所迷惑。它们可能是刚从花卉基地运来，花贩随便拿个花盆用一点土种上，再喷点亮光剂，看起来长势喜人，实际上买回家养不了几天。有些商贩甚至会把没有根须的植物"插"在土里让消费者购买，一定要严防上当。

还有一个原因就是购买的是即将过季的植物。所以，选购前最好先了解一下想要购买的植物的生长季节，也就是了解凉季、暖季以及四季花草的不同，知道何时可开始购买，几月后观赏期将结束……有了这些基本概念才不易买错。如果实在没地方查或者不记得了，建议在整个花市多逛逛，如果店家普遍都在卖，那就是当季的花草了。

2. 选择喜欢的品种

即使是同一种花卉，因品种的不同所表现出的花色、形态、花形及耐候性也有很大的差异。以茉莉花为例，在花形上即有单瓣、双瓣、多瓣之分，株高方面从70厘米左右到150厘米的品种皆有。所以在选购时，要先问清楚植栽的特性，并选择自己喜欢的花色及花形，才能让预期和实际结果不至于相差太远。

3. 识别植栽外形

从外形来看，选购时以分枝多、生长状况很旺盛以及叶子均匀无异色、斑点，节间短而紧密，并且已有花苞者为佳。简单来说，如果看起来矮矮壮壮，像一颗小球的通常就对了！接着再仔细看一下叶子及整个植株，检查看看有无病虫害也很重要。

如果是自己播种的话，则要多注意种子的品质。选购种子时，以新鲜为第一要素，并要留意包装上所注明的保存期限及包装日期。另外，购买时要选择生意较好、商品流通性好的店。还应该注意的是，如果店家将种子摆放在阳光曝晒的地方，不宜选购。

4. 辨别盆栽真伪

具体方法是：对于木本花卉，可抓住花木茎部，如能连盆带泥提起，一般是真盆栽，否则就是假盆栽；对于草本花卉，可稍用力提拉，如花卉稳固则是真盆栽，可将其拉离花盆则是假盆栽。

5. 观察盆土

盆土也是购买时的重要参考因素。市场上的苗木有两种，一种是土球的，一种是露根不带土球的。带土球的多为常绿花卉。一般来说，带土球的苗木质量稳定，根系损伤轻，有利于成活，应尽量选购这类苗木。最好在芽刚萌动时购买，成活率高。但市场上有些苗木的土球是花农伪造的，可以提起苗木轻轻抖动，如果土球轻易全部脱落，就是伪造的土球，这类花卉坚决不要购买。在购买露根花卉时需要注意，尽量在芽刚萌动时为佳，并要选择枝叶繁茂新鲜的和根系完整无断裂的苗木。

为预防上当，建议大家尽量不要购买推车零售的花卉，尽量养成在固定摊位、固定摊主手里买花的习惯，即使出了问题，也可以及时沟通，减少损失。

二、植物的常见分类
Common Classification

按照植物所需的日照强度，通常把植物分为三大类。

1. 阳性植物

阳性植物喜爱日光直接照射，一般在较强的光照下，才能生长旺盛，不然会导致枝条细软无力、叶色淡、不开花。一二年生的植物大多为喜阳性的，如月季、一品红等。

2. 中性植物

中性植物虽然喜阳光，又稍耐阴，但不宜强光照射。如竹等不论光线强弱，均能生长发育。宿根花卉、多年生花卉，如金盏菊，夏季要放置在阴凉处。

3. 阴性植物

阴性植物喜荫蔽，畏强光直射，接受散射光才能正常发育。在夏季要放置在荫棚处，减少直射光照射。如杜鹃、山茶、常春藤、万年青、蕨类等。

以上分类仅是相对比较而言。植物在生命活动中，有的对气候要求较严，有的适应性较强，我们应根据其习性，将它放置在适宜的环境里。

三、盆栽种植养护必备工具及材料
Floriculture Required Equipments

1.工具

修枝剪

使用方法：可用来修剪植物的枝叶。若想剪叶子以及较细的枝干时可以利用尖端进行；修剪茎干等较费力的部分则应使用较深处的刀刃。

保养方法：应彻底拭除土壤、树液或是植物汁液等脏污。若脏污过于严重时，可以用水冲洗干净，然后将水分充分擦干。

移植铲

使用方法：挖洞时和移植时需使用的工具，在栽种植物时也可用来代替舀土器使用。若想将株苗挖出土时，应从距离株苗周围较远处垂直插入移植铲，慢慢将周围的土壤铲起。

保养方法：使用完毕后，将移植铲上的土壤彻底拍落，再用水清洗，充分晾干即可。

喷水壶

使用方法：浇水或稀释液体肥料时使用。浇水时直接装水即可。稀释肥料时，可以装入定量的水，再用液体肥料所附的量杯或滴管将适量肥料放入水壶中，以木棒充分搅拌均匀后，即可直接使用。

保养方法：使用完毕后，将多余的水倒掉，或者用水充分清洗干净，晾干即可。

修枝剪

移植铲

喷水壶

美工刀

使用方法：当植株过于茂盛，影响整体观赏性的时候，用来修剪和整形；还可以用来切除植物的病处。

保养方法：使用完毕后，用纸巾或布将刀身擦拭干净，以免生锈。

美工刀

手套

使用方法：进行园艺作业时用来保护手部。在栽种植物或是换盆时可以使用布制的园艺专用手套；若是要进行需要借由手感来感觉的作业时，可使用较薄的手套；处理玫瑰等带刺植物时，应使用皮制的手套；处理药剂时则应使用PV手套。

保养方法：布制手套使用完毕后，拍落土壤后清洗晾干即可；PV手套同样应拍落土壤后，清洗并将手套整个翻面晾干；皮制手套则只需要将脏污处拍干净即可。

手套

2.肥料

植物的营养除了来源于土壤之外，肥料也是必不可少的。肥料具有维持植物体力及生命的重要功效。

在肥料的包装袋上，常会看到如"N-P-K=10-20-30"的标示，这表示这款肥料含有哪些成分及其所占比重（例如：N=10即表示在100克的肥料中含有氮元素10克）。N（氮）、P（磷）、K（钾）是肥料的三要素，它们的作用各不相同，但必须均衡而且充裕，植物才能生长得快速、茁壮。

肥料名称	肥料功效	缺乏症状
氮肥（N），又称叶肥	它可以促进枝叶生长，并具有加速枝叶吸收养分的功能，能使叶色浓绿，对植物来说相当重要。但如果施得过多，会造成植物只长茎叶，使得根茎部位的功能愈来愈差，而且无法开花。	叶片枯黄，生长缓慢甚至停顿。
磷酸（P），又称为花肥	可促进植物开花结果。	植株矮小，不仅不易开花，而且结的果实也会变小。
钾肥（K），又称为茎肥	具有强化根茎部、增强植物对抗气温变化及抵抗病虫害的能力。	枝叶细弱，叶片皱缩。

除了以上三要素之外，镁及铁等要素也是相当重要的，具有调理植物生理作用的功效。

在盆栽植物的养护管理中，我们经常会用到含氮、磷、钾等元素的缓释复合肥以及花卉专用营养液等。这些养护用品使用方便，省工安全，利用率高，受到了越来越多人的青睐。

此外，还有有机肥，又称农家肥，其原料来源广，数量大；养分全，但肥效迟而长，需经微生物分解转化后才能为植物所吸收；改土培肥效果好。常用的自然肥料品种有绿肥、人粪尿、厩肥、堆肥、沤肥、沼气肥和废弃物肥料等。

缓释复合肥　　　　　　　　　花卉专用营养液

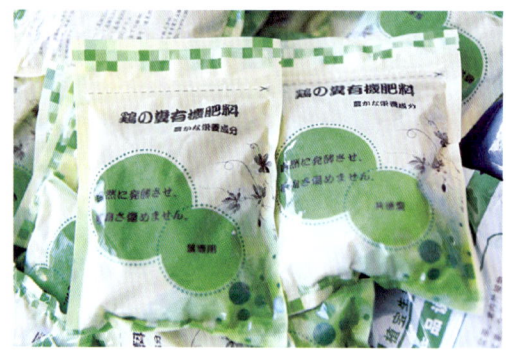

有机肥

3.花盆

花盆形式多样、大小不一，我们可以根据花卉的特性和需要以及花盆的特点选用合适的花盆。此外还要注意大小、高矮合适，花盆过大或过小都会影响整体的协调性和花卉的健康生长。花盆大而植株小，植株吸水能力较弱，浇水后，盆土长时间保持湿润，导致花木呼吸困难，造成烂根；花盆过小，显得头重脚轻，还会影响根部发育。

选择花盆的大小、高矮要注意三点：

①花盆盆口直径要大体与植株冠径相衬；

②带有泥团的植株，放入花盆后，花盆四周应留有2~4厘米空隙，以便加入新土；

③不带泥团的植株，根系放入花盆后，要能够伸展开来，不宜弯曲。如果主根或须根太长，可作适当修剪，再种到盆里。

花盆及适合植栽幼苗数对照表

花盆	尺寸	株苗数	容量
长方形花盆	直径28厘米	3株	2~3升
	直径35厘米	6株	5~6升
	直径45厘米	6~7株	8~9升
	直径65厘米	7~8株	11~13升
长方形深形花盆	直径45厘米	6~7株	11~12升
	直径60厘米	7~8株	19~21升
	直径70厘米	8~9株	3~35升
正方形花盆	直径27厘米	4株	7~8升
	直径32厘米	5株	12~13升
	直径35厘米	5~7株	16~17升
	直径45厘米	7~9株	44~47升
圆形花盆	直径12厘米（4号）	1株	0.5~1升
	直径15厘米（5号）	1~2株	1~2升
	直径18厘米（6号）	2~3株	2~3升
	直径21厘米（7号）	3~4株	3~4升
	直径24厘米（8号）	4~5株	4~6升
	直径30厘米	5~6株	6~7升
	直径35厘米	7~8株	17~21升
椭圆形花盆	直径27厘米	4~5株	2.5~3.5升
	直径32厘米	5~6株	3~4升
	直径35厘米	7~8株	6~8升
	直径45厘米	8~9株	12~13升
壁挂形花盆	直径18厘米	1~2株	1~1.5升
	直径22厘米	3~4株	1~1.5升
	直径27厘米	4~5株	2.5~3升
	直径32厘米	5~6株	2.5~3升
	直径40厘米	7~8株	5~5.5升

4.介质

土

以木材和腐叶为原料制作而成的花土适合一般植物。已种植过植物的土壤，其内含的养分减少，可按1∶1比例混合培养土使用。

水苔

含水性强，适合蕨类、兰花等喜水植物。使用前应泡入水中用水揉捏，使其吸水。

水苔

排水性良好，适合耐旱植物。多肉植物与仙人掌可在土壤中混合沙。

5.装饰石头

石头

用于覆盖盆土，增加质感，有各种颜色及种类，在不同的盆栽中各有适用的种类。

陶粒

陶粒表面是一层坚硬的外壳，这层外壳呈陶质或釉质，具有隔水保气作用，一般在底部使用，使根部透气。焙烧陶粒的颜色大多为暗红色、赭红色，也有一些特殊品种为灰黄色、灰黑色、灰白色、青灰色等。

四、种得活也要种得漂亮
Daily Care of Floriculture
——日常养护管理

1. 正确地浇水

水分对于植物的存活概率及生长具有非常重要的意义。它不仅将植物所需养分运送至其体内各处，而且可以让从叶面蒸发的水分经由根部吸收后作为补充，可防止植物本身因叶子表面蒸发水分后，造成的体内温度过低的问题。

助长水分蒸发的主要因素为日光及风，如果没有吹到风，植物体内的水分就不会快速蒸发，导致植物体内无法吸收新的水分，破坏它的新陈代谢。所以，栽培植物时应选择通风良好的环境。

当水分不足时，植物体质会变差，甚至最后会卷叶枯萎。但如果补充过度，所在位置通风又不是特别好的话，植物会持续处于潮湿的环境，造成根部腐烂，即"根腐病"，使植物无法吸收水分、养分，最后枯萎或死亡。

（1）浇水方法

植物的浇水时间和浇水量要根据植物的需水习性来决定。此外，还要综合考虑天气阴晴、温湿度高低、植株大小以及盆土质地、花盆大小等因素。

①浇水时间

浇水时间因季节不同而不同，春季、夏季、秋季在上午10时前浇水，冬季在午后2时以后浇水。水温与土温接近，冬季略高，夏季稍低。

②浇水量

不同种类以及不同生长发育阶段、不同季节的植物应掌握不同的浇水量，一般以盆表到盆底上下一致湿润为度。忌浇拦腰水（上湿下干）、窝水（盆底积水），还要避免盆孔流失土肥，导致盆心出现空洞，严重影响盆栽的生长发育。

春、秋季及干旱季节除正常浇水外，还应经常向叶面及地面喷水，以增加环境湿度，防止嫩叶枯焦和花朵早凋。

在新苗上盆、大苗倒盆时，由于根系受到不同程度的损伤，宜用潮土（一攥成坨，一揉即散）栽好拍实。根据气候条件在4～48小时内不浇透水，这样可以加快根系伤口愈合，促进植株复壮，防止烂根、黄化脱叶和植株萎缩变形。

因天旱或漏浇等原因导致盆土过干，致使嫩叶低垂、叶片萎缩时，应先把花盆放半阴处，稍浇些水并向叶面喷少许水，待茎叶挺起后，再浇透水。

如果连续浇水过量或遇连阴雨天导致盆土过湿，可把盆花整株移出，放在阴凉通风避雨处，散发水分，并向叶面少量喷水，等3～5天植株复原后再重新装入盆中。

（2）浇水时应注意的事项

①浇水应注意周围的环境

住宅区的阳台花园浇水时最需要注意，因为很有可能楼下的住户正在晒被子或是衣服，或是楼下正有人走过。如果没有注意就浇水，会把别人家的被子或衣服弄湿，或是刚好淋在行人身上，这都是非常不好的行为。因此，在浇水前一定要先查看周围环境的情况，然后再浇水。

如果是浇吊篮或壁挂盆中的植物，最好先将吊篮或壁挂盆从栏杆上取下，放在地面上浇水。浇水时最好从外往内浇，并等多余的水分滴完后，再挂回栏杆上装饰为佳。

②排水口应保持畅通

浇水后除了土壤会随之流出，有时掉在地上的落叶或是花瓣等也会随之流动。如果这些散落物到处流动，会造成排水口或是水管堵塞，而且造成周围环境出现脏乱。所以，浇水时最好注意不要让这些散落物到处流散。

为了使土壤不外流，在栽种植物时，土壤不要填至与花盆边缘齐平，应保留离花盆边缘约2～3厘米的浇水空间。另外，浇水时也应注意水量大小以及流向等，以避免土壤飞溅散落。

Tips 专业小提示

①浇水的最佳时机基本上为土壤表面呈现干燥状态时；
②浇水时应将花器中的土壤全数喷洒到水分；
③浇水时最好浇到花器底部渗出水分为止。

2.合理地施肥

施肥时，不同的化学肥料有不同的使用方法，不论何种肥料，都应该遵循"少量多施"的原则，避免肥伤。如果每种化肥每次的使用量是8克，可以减量使用，如每次使用5～7克。

施用的缓效性肥料如果是固体肥料，可均匀地撒在土面上，切忌放在叶丛上，以免肥伤。

液体肥料可被整株植物吸收，在施用时可以代替当次的浇水，直接淋在土壤上。也可以将调好的液肥直接喷在叶片部位，效果更好更直接。

按照植物施肥时期的不同，可以分为原肥和追肥。

（1）原肥

栽种植物时，通常会在栽培用土中混入肥料，这种肥料被称为"原肥"，也称为基肥，是作为生长基础的肥料，主要是在植物定植时施加作为打底用，以缓效肥为主。在种类上除了有机化肥外，也有化学化肥可选择。

原肥要埋入土中慢慢出效果。为了不让这类肥料直接与植物根部接触，在植苗前应先将中小粒的肥料放入栽培土中充分混合均匀，大颗粒的肥料直接塞入栽培土中，再栽种植物。

植物刚开始的生长是以吸收氮肥为基础，所以即使经常给植物N-P-K同比例的肥料，植物也只会吸收氮，造成植物吸收过多的氮。因此，刚开始植栽时，应选择氮比例较少的肥料。

（2）追肥

栽种植物后，为了补充植物养分所施的肥料称为"追肥"，可补充原肥的不足。通常是在植物生长最旺的时期，追加速效性化学肥料。

由于这类肥料多半立即见效，采用液体肥料比较方便。可以按照配方以规定的水量稀释，直接洒在植物上即可。注意在花器中的土壤要淋透，直至花器底部渗出水分。

如果是颗粒状肥料，可直接将其均匀散铺在土壤上方。在土壤的表面放置大颗粒的化学肥料时，应等间距均匀地铺在靠近花器边缘处的土壤上方。经过时间的流逝，肥料会随之流出而渐渐失效，应记得定期补充。

有机肥料会在土壤中分解，多半可以埋入土壤中，而且不需挖得很深，只需让土壤可以覆盖住即可。如果让肥料暴露在土壤外，很容易发霉，应特别注意。

> **Tips 专业小提示**
>
> 肥料对植物来说是相当重要的营养素，但施肥应注意在适当的时候施予适量的肥料。如果担心施肥过度，可稍微减少肥料的分量。另外，在植物生长缓慢的夏天及休眠期的冬天，不用施肥。

3. 适当的日照

俗话说"万物生长靠太阳",阳光是植物进行光合作用、制造营养物质的能源。而且,植物具有趋光性,当生长在光线不足的环境中时,会出现只长节间的"徒长"情况。光线持续不足,还会进一步影响植物的生长。对于观花植物来说,日照的强弱还会影响花色。一般来说,日照越强,花色越鲜艳。能否根据不同植物的习性提供合理的光照条件,决定了我们能否养出一盆健康美丽的植物。

按照光线的强弱以及植物对光线的需求,种植环境通常可以分为全日照、半日照、阴暗环境三种。

(1) 全日照

指24小时中需要6小时以上接受阳光的照射,地点通常是在室外无遮荫的地方,或者是南向的阳台、窗台。西向的阳台日照充足,为全日照环境,适合大多数植物的生长。

(2) 半日照

指24小时中需要3小时以上6小时以下接受阳光照射,地点通常是在室外有遮光设备的地方,或者是东向的阳台、窗台以及有部分遮光的南向阳台、窗台。适合少数具有耐阴性的植物。

(3) 阴暗环境

指没有阳光直射的环境,如高楼的中庭、室内或者是庭院的大树下。大多数植物不适合。

4. 整形和修剪很重要

整形修剪通常包括剪枝、摘心、剥芽、除蕾、疏花、疏果等。

剪枝主要是剪除病虫枝、重叠枝及调整植株造型。

摘心的目的是为了促使枝条组织充实,调节生长,增加侧芽,使株形丰满,花多而齐。

剥芽和除蕾的主要目的是为了节约养分,使养分集中用于孕蕾开花。

疏花疏果主要针对观果花卉,这类花卉在开花之后,不准备使其结果的花宜及早摘除,在花谢之前可剪掉部分残花。如果果实太多,也可疏除部分果实。

> **Tips 专业小提示 判断植物疏剪的方法**
>
> 叶丛内部的叶片有黄化现象,或里面的枝条有枯黄现象时,就代表生长过密,是疏剪的时候了。

5. 教你换盆和翻盆

（1）换盆

换盆多在春季出房前后进行，盆的大小可变。

有两种情况需要换盆：第一，由于根系已经充满盆内土壤，甚至一部分根系已经从排水孔钻出来，这时需要换大一号的花盆；第二，由于盆土时间过长，盆内养分缺乏造成植株生长不良，需换新的培养土。

换盆示例1：

①直接将小盆植物放入大一点的花盆中。（图1、2）

换盆示例2：

①从小盆中将植物整株拔出。（图1）
②放入已有原肥的大花盆中，边缘用花土填充。（图2、3）
③将多余的花土整理干净。完成。（图4）

（2）翻盆

将植株整株拔出，倒出原盆土，再把植株的老根削掉1/3，仅保留护心土及大部分根系，同时要适当修剪枝条及摘叶，然后放回原盆换上新的培养土。

6.病虫害的预防和治疗

植物一旦感染病虫害，就很难将病虫害全部根治，尤其在密集的高层城市住宅中，更不方便用化学药剂来治疗。体力不佳的植物容易感染病虫害，要预防栽种的植物感染病虫害，首要条件是挑选本质健康且无感染源的株苗。

许多植物发病多半是由于霉菌感染，霉菌存活于湿热且不流通的空气中，因此保持植物于通风良好的环境是很重要的，例如将置于地上的花盆放置到阳台栏杆上透气，再修剪重叠在一起的茎干等等。

下面是一些常见植物易患的病害和虫害。

病害

名称	症状	处理方法
白粉病	在叶子及茎干表面会出现如同白色粉末状的菌团，起因为微菌感染。	将感染病害的茎干或叶子去除后，再喷洒稀释后的食用醋或是化学药剂来消毒，并记得不要施用过多的氮肥。
灰霉病	在花朵、花苞或是嫩叶上会出现灰色棉絮状霉菌团，会使得附着菌团的部分体质变弱。	将感染病害的部分去除后，喷洒化学药剂消毒，并注意不要施用过多的氮肥。
叶斑病	起因为霉菌感染，在叶子、茎干或是果实部分出现黑色或褐色的斑点，并使得感染部分枯萎。	将感染病害的部分去除后，再喷洒稀释后的食用醋或是化学药剂来消毒。
锈病	会在叶子上产生如同褐色污垢的斑点状菌团，也是叶子背面感染霉菌所引起的病害。	将感染病害的部分去除后，再喷洒稀释后的食用醋或是化学药剂来消毒，并注意不要让茎叶沾染到土壤，应保持茎叶表面的清洁。
茎腐病	受到感染的茎部会变软而腐烂，多半发生在通风不佳及高温潮湿的环境中。	喷洒化学药剂消毒。若症状较轻者，可以喷洒稀释后的食用醋消毒即可；若症状严重者，则应整株处理掉。
疮痂病	在茎叶部分会出现许多不规则的斑点状菌团，使叶子缩小变形，起因为真菌或细菌。	将感染病害的部分去除后，连其周围的土壤也要一并消毒。由于这种病害较容易发生在球根植物身上，所以在栽种球根植物前应先做好土壤及根部的清毒工作。

虫害

名称	症状	处理方法
蚜虫	群居于嫩芽或是叶子背面的绿色小虫,以吸食树液为生,几乎在所有种类的植物身上都有感染概率。	发现后应马上用刷子将其刷落,由于其繁殖力很强,所以一发现就要马上驱虫,可使用化学药剂来杀虫。
粉介壳虫	小型的虫体外围覆盖一层白色棉絮状纤毛,大量附生于茎部叶背部分,并以吸食树注为生,使叶子脱色。	清洗叶子,然后在浇水时避免虫体流散至其他叶面,可以用专业的杀虫剂来防止其扩散。
粉虱	体小呈白色,体形类似蛾类的昆虫,大量附生于植物的叶茎部分,以吸食树液为生。	需以杀虫剂喷洒于茎干处驱除虫体。
仙客来叶螨	极小的螨类,幼虫会侵入叶片中并啃蚀叶片,使叶子像是覆盖一层灰尘一般。	喷洒一般杀虫剂无效,必须将感染的叶片剪除。
毛虫	啃蚀叶片及嫩芽为食。	发现时直接捕捉虫体并予以扑杀。
蝗蚰	会啃蚀叶子及嫩芽,白天多隐藏在花器的阴暗角落,晚上才会行动。	在晚上发现其活动时,直接捕捉并予以扑杀。
线虫类	多半发生于根部,会使根部呈现木栓化的状态,导致根部慢慢丧失吸收水分的功能,致使叶片枯萎。	应立即将感染的植株焚毁,土壤亦需随之杀菌消毒。

Part 2
家居常见
观花盆栽植物35种
Common Foliage Potted Plants

观花植物花色艳丽，花形美观，并具有独特的香气。在室内放上一盆观花植物，不仅可以欣赏植物优美的体态、花朵缤纷的色彩，还能感受到花香的环绕。

花开四季，花海如潮，各种各样的花卉争奇斗艳，纷纷绽放笑颜，如春天的水仙、月季、君子兰等，夏、秋季的荷花、菊花、一串红等，冬季的腊梅等。

本章精心挑选了35种家居常见的观花植栽，从简单介绍到栽种时的各种要点都一一向您道来，让您可以享受自己动手的愉悦感，并让您心爱的植物开出漂亮的花朵来！

蝴蝶兰

Moth Orchid, butterfly orchid

学名：Phalaenopsis amabilis
科别：兰科，蝴蝶兰属
别名：蝶兰

花语：幸福逐渐到来
花期：春季
种植难易指数：★★★

蝴蝶兰大多数产于潮湿的亚洲地区，以中国台湾出产最多，为热带兰中的珍品，有"兰中皇后"的美誉。蝴蝶兰白色粗大的气根露在叶片周围，有的攀附在花盆的外壁，极富天然野趣。花姿婀娜，因形似蝴蝶而得名。花色鲜艳夺目，既有纯白色、鹅黄色、绛红色，也有淡紫色、橙赤色和蔚蓝色。每枝开花7~8朵，多的12~13朵，可连续观赏60~70天。

选购要点

首先，要选择宽大且健康的叶片，叶片数量不得少于4片，5~6片者更佳，每片叶子由下往上越来越大者才算正常。其次，观察根系是否肥大且蔓延旺盛，要选择根系强壮者为佳。再次，要选择花大而浑圆，花瓣厚实而质感好，花序整齐而且紧密的植株。

养护要点

①介质　盆栽植料用水苔、浮石、桫椤屑、木炭碎等，或者直接把幼苗固定在桫椤板（又称蛇木）上，让它自行附着生长。

②浇水　喜潮湿，畏涝湿，浇水不可以过勤，5~10天浇一次水即可。夏季每日浇水量以当日能自然风干为好，间干间湿，这样会大大减少腐根和病害的发生率。如果气候过于干燥，需往叶面上喷上水雾，但千万不能往花朵上喷水，不然会烂花。冬季少浇水，仅保持材质微湿即可。

③温湿度　怕烟尘和油烟，喜高温高湿、通风透气的环境。生长适温为18℃~30℃，冬季15℃以下停止生长，低于10℃容易死亡，但高于35℃高温会影响生长并容易患病。开花需经历一个月的15℃~18℃低温才能促成花芽分化，此后如果继续持续低温，则花梗萌发迟缓。喜相对湿度50%~70%。

④施肥　不喜浓肥，施肥原则为"薄肥勤施"，浓度以化肥包装说明上标称浓度再稀释1倍左右适宜，即在1500倍~2000倍左右。也可用兰花专用的营养液。一般情况下，约半个月左右往水壶中滴8~10滴营养液。在生长期施氮钾肥，催花期施用磷钾肥。开花期、休眠期

不施肥，但在花前期和花后期应注意适当补充肥料。

⑤日照　耐半阴，忌烈日直射，否则会大面积灼伤叶片，但过阴也不行，会导致生长缓慢不利于养分存储和开花。最好能放于北向、东向的阳台或窗台旁，使其接受到散射光。

⑥病虫害　常见病害有褐斑病和软腐病，可用50%多菌灵可湿性粉剂1000倍液喷洒。虫害有介壳虫和粉虱危害，用2.5%溴氰菊酯乳油3000倍液喷杀。

当蝴蝶兰有很多根系长在盆外时，或盆内介质变黑腐烂时，就要考虑换盆了。换盆的最佳时期是春末夏初，温度最好在20℃以上，此时花期刚过，新根开始生长。

换盆时，将蝴蝶兰小心地脱出盆体，去掉全部旧的介质。修理根系，剪除枯根烂根、断根瘪根，如兰株基部太高，即根桩过长，可剪除一部分。然后将水苔垫在根部，用湿苔藓将根系四周紧紧包住。盆底用较大的泡沫塑料垫底，把包好苔藓的兰株装入盆中，沿盆四周把苔藓塞紧，使兰株不摇动即可，放于阴处不浇水，直至苔藓干透，平时喷雾即可。

大花蕙兰 Cymbidium

学名：Cymbidium hyridus

科别：兰科，蕙兰属

别名：虎头兰、喜姆比兰、蝉兰、西姆比兰

种植难易指数：★★★

花期：秋季、春季（因品种而不同）

  大花蕙兰的产地主要是日本、韩国、中国、澳洲及美国等，是由兰属中的大花附生种、小花垂生种以及一些地生兰经过一百多年的多代人工杂交育成的品种群。

  大花蕙兰为常绿多年生附生草本，假鳞茎粗壮，属合轴性兰花。假鳞茎上通常有12～14节（不同品种有差异），每个节上均有隐芽。芽的大小因节位而异，1～4节的芽较大，第4节以上的芽比较小。根系发达，根多为圆柱状，肉质粗壮肥大。花序较长，小花数一般多于10朵，品种之间有较大差异。花色有白、黄、绿、紫红或带有紫褐色斑纹。

  大花蕙兰的叶长碧绿，花朵硕大，花姿粗犷，色泽艳丽，是世界著名的"兰花新星"。它具有国兰的幽香典雅，又有洋兰的丰富多彩，深受花卉爱好者的喜爱。主要用作盆栽观赏，适宜在室内花架、阳台、窗台摆放，更显典雅豪华，有较高品位和韵味。

养护要点

①介质 应选用一些颗粒较大的培养基质，一般可选用蛭石、椰子屑、碎砖粒、陶烧土和水苔等来种植。

②浇水 5～9月每天浇一次水，7～8月份一天浇两次水，10月至次年4月每2～3天浇一次水。

③温湿度 喜冬季温暖和夏季凉爽气候，喜高湿强光，生长适温为10℃～25℃，昼夜温差最好在8℃以上。夜间温度以10℃左右为宜，尤其是开花期将温度维持在5℃以上，15℃以下可以延长花期3个月以上。冬季应移入温室内越冬，并保持有5℃～8℃以上的温度。

非常喜湿，小苗的湿度应在80%～90%，中大苗湿度应在60%～85%，但要注意通风。

④施肥 喜肥。生长期氮、磷、钾比例为1：1：1，催花期比例为1：2：2，肥液pH值为5.8～6.2。夏季1～2次/天（水肥交替施用），春秋季节通常3天施一次肥。冬季最好停施有机肥。

⑤日照 喜强光，长日照。盛夏遮光50%～60%，秋季多见阳光，有利于花芽形成与分化。

⑥病虫害 通风不佳时，易得炭疽病，应及时剪除病斑，并配合喷药。常用药剂有1000倍代森锰锌、1000倍可杀得。其他真菌性病害常用1000倍百菌清、800倍瑞毒霉、800倍甲霜灵防治。

主要虫害有蛞蝓、叶螨，常用蛞克星（诱杀）、三氯杀虫螨。

文心兰 Dancing-lady orchid

学名：Oncidium
科别：兰科，文心兰属
别名：跳舞兰、舞女兰、金蝶兰、瘤瓣兰等
种植难易指数：★★
花期：夏季
花语：隐藏的爱

文心兰原种原产于美洲热带地区，但分布地区较广，有热带、暖带、高山的温带和寒带等。全世界原生种文心兰多达750种以上，而商业上用的千姿百态的品种多是杂交种，现世界各地均有栽培。植株轻巧、潇洒，叶片1~3枚，可分为薄叶种、厚叶种和剑叶种。薄叶种叶片较薄，稍革质，多数植株生长健壮，适合中温温室种植；厚叶种耐干旱能力强，冬天在温室内栽培几十天不浇水，也不至于因干旱而死亡；剑叶种株形较小，适于家庭栽培。

文心兰花茎轻盈下垂，有些种类一个花茎只有1~2朵花，有些种类又可达数百朵。花期长，从第一朵花开至最后一朵花持续两个多月时间。花色以黄色和棕色为主，还有绿色、白色、红色和洋红色等。花朵色彩鲜艳，奇异可爱，形似飞翔的金蝶，又似翩翩起舞的舞女，极富动感。

选购要点

花朵色泽要鲜艳、花瓣大而厚实且无压伤；花朵生长方向一致，并在花梗上排列紧密而整齐；无缺花及落花的现象。花苞也无萎缩和干枯现象。

养护要点

①**介质** 小苗用水苔，中、大苗用木炭做栽培基质，具有生长好、成本低等特点。木炭以0.5~2厘米为宜，并在栽种前用水浸泡冲洗以除去炭粉。盆栽宜选用气孔较多的素烧盆或容积较小的浅盆种植，用桫椤凤木炭渣和椰糠作植材，在盆底加垫小砖粒或风化石，以利疏水保湿。植株栽好后，可于盆面铺上一层水草，以防旱保湿，有利气生根的生长。

②**浇水** 浇水不用太勤，一般夏天3天浇一次水，春秋季5天浇一次水，冬季温室内空气湿度太大，一般7天浇一次水。气温在10℃下时要停止浇水，增加喷水，提高空气湿度即可。

③**温湿度** 厚叶型文心兰喜温热环境，而薄叶型和剑叶型文心兰喜冷凉气候。厚叶型生长

适温为18℃～25℃，冬季温度不低于12℃。薄叶型生长适温为10℃～22℃，冬季温度不低于8℃。夏时要注意遮阴，温度过高时要及时降温。除浇水增加基质湿度以外，叶面和地面喷水更重要，增加空气湿度对叶片和花茎的生长更有利。良好的空气流通也是栽培时的必要条件。

所需求的空气相对湿度为75%～85%。

④施肥　以复合化肥为好，宜薄肥，忌浓肥。换盆时可施豆饼、复合肥于植料中，生长季节可间隔15～20天施0.5%的液肥，开花前期以施磷肥为主。冬季休眠期可停止施肥。

⑤日照　对光照的忍受能力较强，尤其是棒状叶和革质叶的种类，全年均可在全日照的环境下生长，若周年置于过阴的环境下栽培，由于积累的营养物质有限，花芽便难以分化而不开花。

⑥病虫害　常见病有黑斑病、炭疽病等，特别是冬季，若气温低，易患黑斑病，并且扩散很快。一旦发病可用40%灭病威600～800倍液或25%多菌灵400～600倍液喷洒防治。

常见虫害有蜗牛、介壳虫、白粉虱等。春夏多雨季节，蜗牛经常活动，此时应定期撒石灰粉于兰园四周及栽培架支脚处；当通风不良时常引起介壳虫，可用800～1000倍液速扑杀或速蚧灵喷杀；白粉虱可用3000倍液速扑风蚜或蚜虱消喷杀。

繁殖要点

以分株为主要繁殖方法，分株最佳时机是花期过后，可与换盆同时进行。分株时，将带两个芽的假鳞茎剪下，直接栽植于水苔的盆内，上盆后应将盆株置于明亮的漫射光下，且需少量浇水。但刚分株后勿立即浇水，当稍干时往叶面喷些水，等有新根长出时再浇水，保持盆内土壤略湿润即可。待植株恢复生长后可正常管理。

君子兰 Kafir lily

学名：Clivia
科别：石蒜科，君子兰属
别名：大叶石蒜、剑叶石蒜、达木兰
种植难易指数：★★

花期：全年开花，以春、夏季为主
播种期：春季、秋季、冬季
花语：高贵，有君子之风

君子兰原产于非洲南部，为多年生草本植物。其植株文雅俊秀，有君子风姿，花如兰，因而得名。叶形似剑，长可达45厘米，互生排列。伞形花序顶生，每个花序有小花7～30朵，多的可达40朵以上。花呈漏斗状，直立，黄色或橘黄色。可全年开花，以春、夏季为主，花期长达30～50天，果实成熟期在10月左右，有"四季观叶，一季观花，三季观果"的特性。

君子兰能释放大量的氧气，是家庭"氧吧"。目前君子兰共有五种类型，即垂笑君子兰、大花君子兰、细叶君子兰、有茎君子兰、神奇君子兰。另外还有一种独特的君子兰，就是沼泽君子兰。

选购要点

选购君子兰时首先应看"兰质"，也就是细腻度和亮度。没有细腻度和亮度，再好的植株都进不了高档品之列。其次就是刚性和脉纹。有了好的细腻度和亮度，又具有较强的刚性和较好的脉纹，就是一株精品。

养护要点

①**介质** 要求疏松、肥沃、排水良好的土壤，在微酸性（pH值6.2～6.7）土壤生长最好。可用腐熟鸡粪和塘泥按4∶6混合，最好采用松针、腐熟有机肥、河沙按5∶3∶2的比例混合。

②**浇水** 比较耐旱。栽培时应经常注意盆土干湿情况，出现半干就要浇一次水，但量不宜多，保持盆土润而不潮就恰到好处。一般情况下，春天每天浇1次；夏季浇水，可用细喷水壶将叶面及周围地面一起浇，晴天一天浇2次；秋季隔天浇1次；冬季每周浇1次或更少。为保持盆土湿润，可在盆面放一层苔藓。

③**温湿度** 喜凉爽，忌高温，忌干燥环境。生长适温为15℃～25℃，低于5℃则停止生长。还应注意昼夜要保持8℃～10℃左右的温差，因为它在白天较高温度条件下制造的有机物是需要在夜间较低温度条件下贮存和消化的。

所需求的空气相对湿度为50%～75%之间，低于50%时叶片尖端会出现枯焦现象。

④施肥　在适宜生长温度范围内，一年四季可持续施肥。如是自然温度，春秋两季应多施，夏冬两季应少施或不施。

⑤日照　喜弱光，忌强光，为半阴性植物。夏季一定要遮阳，烈日直射易产生"日灼病"。冬季需充足阳光、良好光照，这是产生花大、色艳的重要条件。

⑥病虫害　常见病有白绢病、软腐病、炭疽病等。如果出现高温、高湿，通风又不好的情况，它也会出现"吹棉介壳虫"（即棉花虫）。预防的根本办法是让植株在温度适宜、通风良好的环境中生长。另外，在没发生虫害前可施用"百治屠"预防。一旦发现，要立即用软布沾肥皂水或"百治屠"擦患处。

繁殖要点

分株繁殖。分株时，先将君子兰母株从盆中移出来，去掉宿土，找出可以分株的腑芽。如果子株生在母株外沿，株体较小，可以一手握住鳞茎部分，另一手捏住子株基部，撕掰一下，就能把子株掰离母体；如果子株粗壮，不易掰下，就应该用准备好的锋利小刀把它割下来。千万不可强掰，以免损伤幼株。子株割下后，应立即用干木炭粉涂抹伤口，以吸干流液，防止腐烂。接着，将子株上盆种植。种植时，种植深度以埋住子株的基部假鳞茎为度，靠苗株的部位要略高一些，并盖上经过消毒的沙土。种好后随即浇一次透水，待到两周后伤口愈合时，再加盖一层培养土。一般1～2个月生出新根，1～2年开花。

水仙花 Narcissus

学名：Daffodi
科别：石蒜科，水仙属
别名：金银台、玉玲珑、雅蒜、凌波仙子、金盏银台、洛神香妃、姚女花

种植难易指数：★★
花期：冬至春季
花语：自恋，敬意，请不要忘记我

水仙花原产于中国，为多年生草本植物，在中国已有一千多年栽培历史，为中国传统名花之一。叶狭长呈带状，花葶自叶丛中抽出，高于叶面；一般开花的多为4～5片叶的叶丛，每球抽花1～7支，多者可达10支以上；伞形花序着花4～6朵，多者达10余朵；花为黄色、白色，芳香。

水仙花叶片青翠，叶姿秀美，花朵秀丽，亭亭玉立，花香扑鼻，清秀典雅，是世界上有名的冬季室内花卉之一，有"凌波仙子"的雅号。

选购要点

挑选水仙花，关键是花球，需从以下几个方面入手：

①看花形。选择肥大充实、出芽口大而富有弹性的花球。

②要看颜色。也就是看花球外壳的颜色，以深褐色、包膜完好的为佳。

③要按压。即用拇指和食指捏住花球上下端稍用力按压，感到结实、有弹性为佳。

养护要点

①**介质** 以疏松肥沃、土层深厚的冲积沙壤土为宜，pH值5～7.5均能生长。土培法家庭较少采用。多采用水培法，盆中可用石英沙、鹅卵石等将鳞茎固定。

②**浇水及换水** 土培水仙的浇水要点是"见干见湿"，盆土不干就不要浇水，一旦浇水就要彻底浇透。

水培水仙刚上盆时，为确保盆内是干净的水，需每日换一次水，以后每2～3天换一次，花苞形成后，每周换一次水。

③**温湿度** 性喜温暖、湿润。在10℃～15℃环境下生长良好，约45天即可开花，花期可持

续月余。温度过高再加之光照不足，容易徒长，植株细弱，开花时间短暂，降低观赏价值。水仙虽耐一定的低温，但也怕浓霜与严寒。偶现浓霜时，要在日出之前喷水洗霜，以免危害水仙叶片。对于低于 – 2℃的天气，应有防寒措施。

④施肥 好肥。在发芽后开始追肥，3年生栽培，追肥宜勤，隔7天施1次；2年生栽培，每隔10天1次；1年生栽培半月施1次。天气冷的地区，为提高水仙的耐寒力，在入冬前要施1次磷钾肥。1月停肥，2月下旬至4月中旬继续追肥，以磷钾肥为主，5月停肥、晒田。土培水仙，还可在开花前追施2~3次液肥。水养水仙，一般不需要施肥，如有条件，在开花期间稍施一些速效磷肥，花可开得更好。

⑤日照 喜光照，应把花盆置于阳光充足的室内。如果满足光照和温度的要求，则叶片肥大，花葶粗壮，因而能使花朵开得大，芳香持久。

水仙水养期间，特别要给予充足的光照，白天要放在向阳处，晚间可放在灯光下。这样可防止水仙茎叶徒长，而使水仙叶短宽厚、茁壮，叶色浓绿，花开香浓。

⑥病虫害 主要病虫害有大褐斑病、叶枯病、曲霉病、青梅病、线虫病等。

褐斑病发病初期，可用75%百菌清可湿性粉剂600~700倍水溶液，每5~7天喷洒一次，连喷数次可控制病害发展。枯叶病可于栽植前剥去干枯鳞片，用稀高锰酸钾冲洗2~3次预防。病发初期，可用50%代森锌1500倍水溶液喷洒。

线虫病可用40~43度的0.5%福尔马林液浸泡鳞茎3~4小时加以预防。如在养护过程中发现植株染病严重，应立即将病株剔除并销毁。

月季 Chinese rose

学名：R. chinensis

科别：蔷薇科、蔷薇属

别名：月月红、长春花

种植难易指数：★★

花期：春至秋季

花语：等待有希望的希望，幸福，光荣，美艳长新

月季原产于中国等地，为常绿或落叶灌木，开花连续不断。品种主要有切花月季、食用玫瑰、藤本月季、大花月季、丰花月季、微型月季、树状月季、地被月季等，有白、红、粉、黄、蓝、橙等多种颜色，还有复色。花有微香，花期4～10月，春季开花最多，有"花中皇后"的美誉。

选购要点

①看枝干与外形。生长良好的月季，枝干粗壮强健，呈青绿色，主干下部为灰褐色，新枝多为紫红色。嫩梢无白粉，全株无徒长枝、过密枝、病虫害枝。植株多干，株形美观。

②看叶片。叶片肥大而深绿，有光泽，不卷曲萎缩。叶片上没有褐色污点或黑褐色斑状，也没有白色粉状物。

③以花茎大、形美、花蕾雅秀，花柄长而坚韧，花瓣光亮，色艳丰富又具有香味为佳品。

养护要点

①**介质**　要求富含有机质、肥沃、疏松的微酸性土壤或是塘泥最佳。如果没有塘泥，种植土加椰糠或者加泥炭土都可以。

②**浇水**　生长期应适时浇水，经常保持盆土湿润。高温干燥时节宜向叶面及周围环境喷

水，保持枝叶清新；寒冷时节控水，但也不能让盆土干透。

③温湿度　多数品种最适温度白昼15℃~26℃，夜间10℃~15℃。较耐寒，冬季气温低于5℃即进入休眠。如夏季高温持续30℃以上，则多数品种开花减少，品质降低，进入半休眠状态。一般品种可耐15℃低温。

空气相对湿度宜75%~80%，稍干、稍湿也可。

④施肥　月季在生长旺季，应每隔10~15天施一次充分腐熟的饼肥水或复合肥水溶液。

⑤日照　日照要长。种植月季的地方，要既通风，又能获得半天以上的日照。这是月季繁花似锦的首要条件。如置于半阴半阳处或光照不足的阴处，一年中最多只能开春秋两季花。

⑥病虫害　7~8月雨季高温时是叶斑病和白粉病的高发期，可用波美0.3~0.5度的石硫合剂喷洒，每周一次，共喷2~3次。

6~7月发现有天牛幼虫为害，枝梢应立即剪除。其他食叶害虫一经发现，应即喷800倍久效磷药剂防治，可杀死卵及幼虫。

生长期间，及时除掉残花梗、病枝、过密幼芽和合理疏蕾。每次开花后，就要把开花的枝条剪到根部，仅留2~3个芽，这样新发出来的枝条才健壮。

在冬季落叶休眠期进行修剪，留1/3~1/2的健壮枝，除掉老枝、枯枝、病枝和弱枝，促使其基部萌发新根。

梅花 Mumeplant Japanese Apricot

学名：Prunus mume

科别：蔷薇科，梅亚科，李属

别名：梅、春梅、干枝梅

种植难易指数：★★

花期：冬至春季

播种期：秋季

花语：坚强，高雅

梅花原产于中国西南、长江沿域及台湾省山区，为落叶小乔木，有时可长成灌木样。花在寒冬或早春先于叶开放，原种粉红或白色，栽培品种有紫、红、彩斑至淡黄色，芳香。长江流域花期12月～3月。

梅花是中华民族的传统名花，已有四千多年的历史，很早就和国人的生产、生活和文化结缘。梅花"铁骨冰心，香傲苦寒"，国人爱梅、赏梅、寻梅、谈梅、咏梅的高雅风尚，世代绵延。它有"二十四番花信之首"的美誉，冰枝嫩绿，疏影清雅，花色美秀，幽香宜人，"万花敢向雪中出，一树独先天下春"，被誉为"花魁"。

养护要点

①**介质** 选用疏松肥沃的营养土。营养土配制以食用渣4份、堆积杂肥土4份、煤灰土2份混合均匀做成培养土，花后每年换土一次。

②**浇水** 如果盆土长期过湿，容易引起烂根，因此，要控制浇水，当新枝长到20厘米时，要注意控制浇水，控制新梢过分伸长，促进花芽分化。但在夏季每天要浇一次水，秋季视土浇水保持土壤湿润，冬季要少浇水，使土壤偏干。

③**温湿度** 除杏梅系品种能耐–25℃低温外，一般耐–10℃低温。耐高温，在40℃的条件下也能生长。在年平均气温16℃～23℃地区生长发育最好。对温度非常敏感，在早春平均气温达–5℃～7℃时开花，若遇低温，开花期延后，若开花时遇低温，则花期可延长。

④**施肥** 梅花不喜大肥，但在萌发枝叶时肥水要足，每月施1～2次有机液肥。当新梢长到5厘米时，要施一次薄肥，以促进枝条生长。在夏末秋初时要施一次腐熟饼肥水，并加重磷、钾肥，促进花芽形成，待花芽分化后，喷施1～2次磷酸二氢钾。这样分层次科学施肥，对其生长有利。

⑤**日照** 生长期应放在阳光充足、通风良好的地方，若处在庇荫环境，光照不足，则生长瘦弱，开花稀少。

⑥**病虫害** 一定要保持通气透光。梅花病害主要来自炭疽病和斑枯病，一般发病在4月下旬至5月上旬，采用50%的多菌灵或70%的托布津溶解800至1000倍交换喷施进行防治。

每年蚜虫危害较多，采用500倍溶液的洗衣粉喷杀，效果明显。但梅花对乐果、敌敌畏等农药敏感，不要使用。

修剪要点

当幼苗长到20～25厘米长时，截去顶端，待萌芽后留3～5枝条作为主枝，当主枝长到10～15厘米时进行摘心，以促进枝条粗壮和花芽形成；当花凋谢之后，从基部留2～3个芽短截，当新枝长到5～6片叶时又进行摘心，只留3～4片叶，促进其长出更多花枝。以后每年反复修剪，使枝条充实，花蕾增多。

Tips 专业小提示 梅花为什么冬天才盛开？

梅花属于短日照植物，在光照短于12～14小时的情况下才能正常生长开花，而冬天昼短夜长，所以光照是决定梅花在冬天是否开花的原因。

钻石玫瑰 Miniature roses

学名：Rosa chinese Jacq. Minima

科别：蔷薇科，蔷薇属

别名：袖珍玫瑰、迷你玫瑰

种植难易指数：★

花期：全年，5～11月盛开

钻石玫瑰是现代微型月季的一个品种，为多年生落叶灌木。因其花枝短小，花朵如豆扣般大小，故名"钻石玫瑰"或"袖珍玫瑰"。植株丛生，直立生长，高30～50厘米。花在枝条顶端簇生，有单瓣、复瓣（半重瓣）和重瓣之别，花色有红、粉、黄等，在适宜的条件下全年都可开花。

钻石玫瑰株形不大，花朵玲珑可爱，色彩绚丽，适合作中、小型盆栽装饰厅堂、阳台、庭院等处。

养护要点

①**介质** 适宜在疏松肥沃、含腐殖质丰富，且排水透气性良好的中性或微酸性土壤中生长。

②**浇水** 干湿适中即可，盆土积水和过于干燥都不利于植株生长。

③**温湿度** 喜温暖、空气流通的环境。生长适温22℃～25℃，多数品种最适宜温度白昼15℃～26℃，夜间10℃～15℃。较耐寒，一般品种可耐15℃低温，但冬季气温低于5℃即进入休眠。夏季温度不得低于30℃。

空气相对湿度宜75%～80%，但稍干、稍湿也可。

④**施肥** 比较喜欢稍浓些的有机肥，要想常开花、开好花就要常施肥，做到勤施肥。每7～10天施一次腐熟的稀薄液肥或复合肥。夏季高温时不要施肥。

⑤**日照** 喜阳光充足，一般春、秋季需全天阳光照射，夏天要保持每天约4小时的光照。但过多强光直射又对花蕾发育不利，花瓣易焦枯。

⑥**病虫害** 主要病害为黑斑病、白粉病、叶枯病。防治以上病害除加强肥水管理外，冬天应剪掉病枝病叶，清除地下落叶，减少初侵来源，发病时应采取综合防治措施，并喷洒多菌灵、甲基托布津等杀菌药剂。

主要虫害有蚜虫、卷叶蛾、刺蛾等，主要用1000～1200倍乐果或水胺硫磷等农药防治。另外还有介壳虫，可用软刷轻轻刷除，或结合修剪，剪去虫枝、虫叶。要求刷净、剪净、集中烧毁，切勿乱扔。

修剪要点

花谢后及时剪去残花和枝梢，一般从第二片或第三片复叶上部0.5厘米处开始剪，使其再抽新枝，再次开花。每年初冬进行一次重剪，剪去弱枝，将其他枝条剪短1/2至1/3，冬季将花盆埋在室外避风向阳处或移至冷室内越冬，温度不要过高，以免植株提前发芽，影响来年的生长。

换盆要点

可于春季萌芽前换盆一次。换盆的时候最好拌些鸡粪肥之类的肥料。

> **Tips 专业小提示 钻石玫瑰栽培管理的要领**
>
> 盆土疏松，盆径适当、干湿适中，薄肥勤施，摘花修枝，防治病虫，每年换盆。

百合 Lily

学名：Lilium brownii var. viridulum　　种植难易指数：★★
科别：百合科，百合属　　　　　　　　花期：夏季
别名：强瞿、番韭、山丹、倒仙　　　　花语：圣洁，百年好合，伟大的爱

百合花主要分布在亚洲东部、欧洲、北美洲等北半球温带地区，为球根草本植物。株高75～90厘米，茎刚直挺秀，叶色翠绿。花朵为喇叭形，花色因品种不同而色彩多样，多为黄色、白色、粉红、橙红，有的具紫色或黑色斑点，也有一朵花具多种颜色的。花形奇特，花姿雅致，色泽高雅，叶片青翠娟秀，茎干亭亭玉立，有"云裳仙子"之称。

选购要点

在选购时，以肉质肥厚、叶瓣均匀为好。可以将其放在米缸中储存，能够延长存放的时间。

栽培要点

小面积栽植或盆栽，对花多而枝秆纤细柔弱的观赏品种要设立支架，以防花枝折断。若大面积栽植，要注意通风透气和适当遮荫。

养护要点

①**介质**　要求肥沃、富含腐殖质、土层深厚、排水性极为良好的沙质土壤。多数品种宜在微酸性至中性土壤中生长。

②**浇水**　生长期间忌干旱、喜湿润，但怕涝，定植后即灌一次透水，以后保持湿润即可，不可太潮湿，在花芽分化期、现蕾期和花后低温处理阶段不可缺水。

③**温湿度**　喜凉爽潮湿环境，忌酷暑，耐寒性稍差些，生长、开花适温为16℃～24℃。

④**施肥**　喜肥，定植3～4周后追肥，以氮、钾肥为主，要少而勤。但忌碱性和含氟肥料，以免引起焼叶。通常情况下可使用尿素、硫酸铵、硝酸铵等酸性化肥，切勿施用复合肥和磷酸二氢等化肥。将近孕蕾开花时，施1～2次磷、钾肥，以保证株苗在孕蕾和开花期有充足营养，不仅可使花朵硕大、色鲜，并可促进球茎的发育。

⑤**日照** 应置于日光充足的明亮处，尤其需要充足的光照来满足花芽的发育。

⑥**病虫害** 虽病虫害较少，但也要注意防治。

常见病害有立枯病、百合病毒。立枯病病株幼叶出现黄绿或白色斑点，严重叶变为褐色，叶片出现卷曲，注意发病初期应立即拔除病株，并进行防治。出现百合病毒时，叶上产生轻度斑晕、皱曲条纹，应选择无病毒鳞茎作为种源，并加强蚜虫的防治工作。

修剪要点

分小鳞茎繁殖，将处于花期中的成熟茎切成小段的鳞茎阴干，或剥下鳞片埋于沙中，插后30天，自叶腋间长出球茎，再培育成小鳞茎。在4~5月进行下种，扦插深度以顶端略露为宜。一般春插2~4个月后，大部分鳞片可生根发叶，长出小鳞茎，此时可移植盆栽或露地种植。

非洲紫罗兰 African violet

学名：Saintpaulia ionantha
科别：苦苣苔科，非洲苦苣苔属
别名：非洲堇、非洲苦苣苔
种植难易指数：★★

花期：春季至秋季，冬天如果阳光充足也会开花
播种期：春、秋季
花语：繁茂，美丽，等待爱情

　　非洲紫罗兰原产于东非的热带地区，为多年生草本植物。植株小巧玲珑，叶片为圆形或卵形，背面带紫色。花多为淡紫色，也有紫红、白、蓝、粉红和双色等。种植得当的非洲紫罗兰，一年至少有10个月的开花期，被称为"室内盆栽小皇后"。盆栽可布置窗台、客厅，也是案几的良好点缀装饰。

　　叶部坚挺，有弹力，叶柄粗大而短，这种植株较健康。

　　①**介质**　喜肥沃疏松的中性或微酸性土壤，可用泥碳土混合蛭石、珍珠石当介质。

　　②**浇水**　早春低温，浇水不宜过多，否则茎叶容易腐烂，影响开花。夏季高温、干燥，应多浇水，并喷水增加空气湿度，否则花梗下垂，花期缩短。但喷水时叶片溅污过多水分，也会引起叶片腐烂。秋冬气温下降，浇水应适当减少。

　　③**温湿度**　喜温暖气候，忌高温，生长适温16℃~24℃。夏季30℃以上高温对其生长不利；冬季夜间温度不低于10℃，否则容易受冻害。

　　夏季相对湿度应保持在70%左右，冬季相对湿度应保持在40%左右。

　　④**施肥**　一般在光源充足的情况下，只需追加少许的肥料便能维持正常生长；但在光源不足的环境下，即使提供充裕的肥料，植物也会生长不良，甚至死亡。

　　⑥**病虫害**　在高温多湿条件下，易发生枯萎病、白粉病和叶腐烂病。

　　虫害以介壳虫及蚜虫较多，家庭栽培可将有介壳虫寄生的老叶剪除，而蚜虫大部分群聚于嫩叶，可用手处理。

　　扦插方法有两种：

方法一： 把老叶片用消过毒的剪刀斜剪下来，先放在水中，约20天后，底部会长出新根，等其长出一片新叶，便可以将其种在泥土里了。

方法二： 将剪下的叶子平着插进含有紫石的泥土，让叶柄和叶面尽量保持在一个水平面上。浇水不可过多，只需用喷水壶往泥土里喷水即可。

换盆要点

换盆最好是选择在环境气候合宜的季节，使植株能顺利复原。一般换盆时温度维持在18℃~26℃之间为宜，但若种植在有空调设备、温度能维持在25℃左右的环境下，则四季皆可进行换盆。

虎刺梅 Bojers Spurge, Grown-of-thorns

学名：Euphorbia splendens
科别：大戟科，大戟属
别名：铁梅棠、虎刺、麒麟花、麒麟刺

种植难易指数：★
花期：全年
花语：坚贞、忠诚、勇猛，给人安全感

虎刺梅原产于非洲热带，是藤蔓状直立或稍攀缘性小灌木。株高1～2米，多分枝。外形颇似梅花，而常常被误认为是花瓣。虎刺梅花形美丽，颜色鲜艳，茎枝奇特，容易栽培，是一种很受欢迎的冬季室内盆栽花卉。它能净化空气，防辐射能力强，适合布置装饰床头柜、书桌、办公室、电脑桌等场所。

养护要点

①介质　室内栽培宜选用草炭土、细沙按3∶2的比例混合配制的培养土。

②浇水　耐干旱，平时浇水以盆土稍干燥为好。夏天水分蒸发快，浇水要适当多些，但盆内不能积水。开花期浇水过多会引起落花落蕾，甚至烂根。

③温湿度　性强健，喜温暖干燥气候。适生长温度为18℃～25℃，冬季室温若能保持在15℃以上，整个冬季能开花不断。温度太低，叶片会全部脱落，进入休眠。

最适空气相对湿度为40%～60%。

④施肥　不喜浓肥，生长期一般3～4周施1次腐熟的稀薄饼肥水即可。雨季不要施有机肥。施肥过多，特别是施氮肥过多，会造成枝条徒长，只长叶不开花。孕蕾期增施1～2次磷肥。施钾肥则花多，色艳。

⑤日照　喜阳光充足，一年四季都应给予较充足的光照。开花期间，阳光充足，则苞片色彩鲜艳，且花期长；阳光不足，则花色暗淡。若长期放在阴暗条件下培养则不开花或很少开花。

康乃馨 **Grenadine, Carnation**

学名：Dianthus caryophyllus
别名：香石竹、麝香石竹、狮头石竹、大花石竹、荷兰石竹
花语：爱，魅力，尊敬之情
科别：石竹科，石竹属
种植难易指数：★
花期：春季、夏季、秋季，温室中栽培四季开花

康乃馨原产于欧洲地中海地区，为多年生宿根草本植物，是目前世界上应用最普遍的花卉之一。

康乃馨通常开重瓣花，有红色、粉色、黄色、白色等花色，气味芳香。由于色彩绚丽，花朵雍容富丽，花姿高雅，芳香馥郁，受人喜爱。

养护要点

①**介质** 宜栽植在疏松、肥沃、排水良好的微酸性石灰质土壤中。

②**浇水** 除生长开花旺季要及时浇水外。平时可少浇水，以维持土壤湿润为宜。

③**温湿度** 喜温暖、湿润、阳光充足且通风良好的环境；不耐炎热，夏季呈半休眠状态。空气湿润度以保持在75%左右为宜。

④**施肥** 喜肥，在栽植前施以足量的烘肥及骨粉，生长期内还要不断追施液肥，一般每隔10天左右施一次腐熟的稀薄肥水，采花后施一次追肥。

⑤**日照** 喜好强光，需要充足的光照，应放在直射光照射的向阳位置上，每天保证光照6~8小时。

⑥**病虫害** 常见病害有萼腐病、锈病、灰霉病、芽腐病、根腐病。可用代森锌防治萼腐病，氧化锈灵防锈病；防治其他病害用代森锌、多菌灵或克菌丹在栽插前进行土壤处理。

常见虫害有红蜘蛛、蚜虫，一般用40%乐果乳剂1000倍液杀除。

修剪要点

为促使康乃馨多枝多开花，需从幼苗期开始进行多次去顶摘心：当幼苗长出8~9对叶片时，进行第一次摘心，保留4~6对叶片；待侧枝长出4对以上叶时，第二次摘心，每侧枝保留3~4对叶片，最后使整个植株有12~15个侧枝为好。孕蕾时每侧枝只留顶端一个花蕾，顶部以下叶腋萌发的小花蕾和侧枝要及时全部摘除。第一次开花后及时剪去花梗，每枝只留基部两个芽。经过这样反复摘心，能使株形优美，花繁色艳。

五彩石竹

Chinese pink, Rainbow-pink

学名：Dianthus chinensis

科别：石竹科

别名：中国石竹、洛阳花、石菊、绣竹、剪绒花等

种植难易指数：★

花期：秋季~次年夏季

播种期：秋季

花语：纯洁的爱，才能，大胆

　　五彩石竹原产于中国东北、华北、长江流域及东南亚地区，是中国传统名花之一，为多年生草本植物，常作一、二年生花卉栽培。因茎具节、膨大似竹而得名。株高30~40厘米，直立簇生。多分枝，叶条形或线状披针形。花朵为放射状的同心圆纹，花色以桃红色系为主，但也有白、红、黄、粉红、紫红、橙红或具有斑纹，有单瓣、重瓣之分，盛开时瓣面如碟闪着绒光，绚丽多彩，感觉小巧精致，很适合仔细欣赏。微具香气。

选购要点

　　市售五彩石竹以7.5厘米盆居多，13厘米盆较少。选购时，以分枝多、株形紧密、花苞多的为宜。

栽培要点

　　盆栽石竹要求施足基肥，每盆种2~3株。

养护要点

① **介质** 喜排水良好、肥沃沙质壤土。

② **浇水** 耐干旱，忌积水。过度干燥时适量浇水。夏季雨水过多，注意排水、松土；冬季宜少浇水。注意浇水时不要将水淋在花瓣上。

③ **温湿度** 喜阳，耐寒，生长适温8℃~20℃，通常是秋天种植，接着开花至春天，待夏日植株老化时即换掉。

④ **施肥** 除定植时放长效肥外，约每隔10天左右施一次腐熟的稀薄液肥。

⑤ **日照** 生长期间宜放置在向阳、通风良好处养护，保持盆土湿润。

⑥ **病虫害** 常有锈病和红蜘蛛危害。锈病可用50%萎锈灵可湿性粉剂1500倍液喷洒，红蜘蛛用40%氧化乐果乳油1500倍液喷杀。

修剪要点

苗长至15厘米高摘除顶芽，为促进分枝，注意适当摘除腋芽使养分集中，可促使花大而色艳。不然分枝多，会使养分分散而开花小。为促进开花，花谢后应立即将花茎剪除。平日还需留意将细节弱的芽摘掉，以利通风。

繁殖要点

秋、冬扦插最合时宜。气温在5℃~15℃之间时最易成活。可选蛭石作扦插基质，扦插后将基质踏实，以防风吹插穗晃动。在10℃~15℃条件下20多天即可生根。浇一次透水，来年春天即可正常生长开花。

薰衣草 Lavender

学名：Lavandula pedunculata
科别：唇形科，薰衣草属
别名：蓝香花

种植难易指数：★
花期：夏季，秋季
花语：等待爱情

薰衣草原产于地中海沿岸、欧洲各地及大洋洲列岛，为多年生草本或小矮灌木，虽称为草，实际是一种紫蓝色小花。在中国浙江一带又称之为蓝香花。薰衣草在罗马时代就已是相当普遍的香草，因其功效最多，被称为"香草之后"。

薰衣草花、叶和茎上的绒毛均藏有油腺，轻轻碰触油腺即破裂而释出略带木头甜味的清淡香气。花有蓝、深紫、粉红、白等色，常见的为紫蓝色。叶形花色优美典雅，花序颖长秀丽，适合用大型容器盆栽观赏。

养护要点

①**介质** 耐瘠薄、抗盐碱。

②**浇水** 耐旱，喜干燥，切忌经常浇水。在一次浇透水后，应待土壤干燥、叶子轻微萎蔫之后再给水。浇水要在早上，避开阳光，水不要溅在叶子及花上，否则易腐烂且滋生病虫害。室外栽种时注意不要让雨水直接淋在植株上。

③**温湿度** 半耐热，好凉爽，喜冬暖夏凉，栽培场所需通风良好。生长适温15℃～25℃，限制温度35℃以上，长期高于38℃～40℃顶部茎叶枯黄。在5℃～30℃均可生长，长期在0℃以下即开始休眠。极耐寒，休眠时成苗可耐–20℃～–25℃的低温。

④**施肥** 薰衣草对肥料的要求不高，施肥可将骨粉放在盆土作当做基肥（每三个月用一次），小苗可施用花宝二号（20-20-20），成株后再施用磷肥较高的肥料，如花宝三号

（20-30-20）。不宜施肥过多，否则香味会变淡。

⑤日照 喜阳光，为全日照植物，需要充足的阳光及适湿的环境。半日照也可生长，但开花较稀少。过分遮光会造成徒长，同时易感病。在家中养殖，薰衣草应放在阳光充足的阳台上。

⑥病虫害 病害主要是根腐病，在高温和积水环境下发病率最高。可用多菌灵、百菌清800倍溶液灌根，每月一次，特别是6~10月，注意防止积水，保持空气干燥。少有虫害。

薰衣草对扦插繁殖的适应性较强，一般在春季进行扦插最好。插条应在发育健旺的良种植株上，选取未抽穗的节距短而粗壮的一年生半木质化枝条，在顶端8~10厘米处截取作为插穗。插穗的切口应靠近茎节处，力求平滑，勿使韧皮部破裂。扦插介质可用2/3的粗砂混合1/3的泥炭苔。插深5~8厘米。

一串红 Scarlet sage

学名：Salvia splendens
科别：唇形花科，鼠尾草属
别名：爆仗红、爆竹红、炮仗红、拉尔维亚、象牙红、西洋红

种植难易指数：★★
花期：秋至春季
播种期：秋至冬季
花语：家族爱，代表恋爱的心

一串红原产于巴西，为多年生草花，花期从秋末至春天，夏季时开花稀少，故多当一年生栽培。花期长，适应性强。有高矮品种，一般所见的约为20～30厘米高，高性品种则可达50厘米，至于矮性品种则在20厘米以下。花色多为单色，并以鲜艳的红色为主，还有橘、紫、白等，但新品种中，则出现了花及萼异色的双色品种，非常奇特。

养护要点

①**介质** 适应性较强，但在疏松、肥沃、排水良好的土壤中生长良好。

②**浇水** 生长前期不宜多浇水，可两天浇一次，以免叶片发黄、脱落。进入生长旺期，可适当增加浇水量。

③**温湿度** 生长适温为20℃～25℃。夏季高温期，需降温或适当遮荫来控制正常生长。长期在5℃低温下，易受冻害，且叶子会逐渐变黄脱落。

④**施肥** 花期长，需在定植时放入长效肥作为基肥，并每隔两周左右追加磷肥。

⑤**日照** 喜阳光充足环境，耐半阴。栽培场所必须阳光充足，若光照不足，植株易徒长，茎叶细长，叶色淡绿；如果长时间光线差，往往花朵不鲜艳、容易脱落，叶片也变黄脱落。

⑥**病虫害** 常发生叶斑病和霜霉病危害，可用65%代森锌可湿性粉剂500倍液喷洒。

虫害常见的有银纹夜蛾、短额负蝗、粉虱和蚜虫等，可用10%二氯苯醚菊酯乳油2000倍液喷杀。

万寿菊 Marigold

学名：Tagetes erecta	别名：菊科，万寿菊属
科别：臭菊、臭菊花、臭芙蓉、万寿灯、蜂窝菊、蝎子菊	种植难易指数：★★
	花期：秋季至次年春季
播种期：秋季至次年春季	花语：友情，健康

　　万寿菊原产于墨西哥，其最特别之处就在于花叶片有特殊的臭味。一般常见的为矮性品种，株高为15～40厘米。花朵呈瓣形，似菊，且花色美丽，多为黄、橙色系，包括了金黄、淡黄、黄、橙、深橙等色。

选购要点

以节间短、分枝多、茎干粗，且花苞多者为宜。

养护要点

①**介质** 对土地要求不严，但以肥沃疏松、排水良好的土壤为好。

②**浇水** 耐干旱，在真叶期等到土壤稍干燥后再浇水，以促进根的生长。一旦植株根系发育触及盆壁，要等到植株有些萎蔫时才浇水，以控制高度。应避免将水浇到花上。

③**温湿度** 喜温暖、湿润环境。生长适温15℃～20℃，冬季温度不低于5℃。夏季高温30℃以上，植株徒长，茎叶松散，开花少。10℃以下，能生长但速度减慢，生长周期拉长。

④**施肥** 每浇2～3次水施一次肥，肥料浓度从低浓度逐渐增加。不建议单独使用氮肥。

⑤**日照** 喜温暖、阳光充足和干爽的环境条件。

⑥**病虫害** 主要是病毒病、枯萎病、红蜘蛛。对病毒病用病毒威、菌毒清进行防治；对枯萎病用75%百菌清、多菌灵、乙磷铝、甲基托布津进行防治；对红蜘蛛在初期进行防治，用40%氧化乐果1000～1500倍液或50%马拉硫磷乳油1000倍液，隔7天喷1次，连喷2次。

繁殖要点

　　扦插宜在5～6月进行，从母株剪取8～12厘米嫩枝作插穗，去掉下部叶片，插入盆土中，每盆插3株，插后浇足水，略加遮荫，两周后可生根。然后，逐渐移至有阳光处进行日常管理，约1个月后可开花。

大波斯菊 Cosmos

学名：Cosmos bipinnatus
科别：菊科，秋英属
别名：秋英、秋樱
种植难易指数：★★

花期：秋季至次年春季
播种期：春季、秋季
花语：情窦初开，少女的心，坚强

　　大波斯菊原产于墨西哥。为草本植物，株高从50～150厘米皆有，分枝较多，单叶对生。头状花序着生在细长的花梗上，顶生或腋生。花色有白、黄、橙、粉红、桃红等变化。由于花大、株高、色彩鲜明，相当引人注意，多当花坛的主体，让其成一片自然的花海。可当盆花，但置于阳台则较不适合。

养护要点

①**介质**　需疏松肥沃和排水良好的壤土。

②**浇水**　喜湿润的栽培基质，但又怕积水，因此，浇水时要做到间干间湿。

③**温湿度**　最适宜的生长温度为15℃～30℃。当温度高达33℃以上时也能忍受，但生长会暂时受到阻碍。对冬季温度要求不是很高，只要不受霜冻就能安全越冬。

④**施肥**　忌肥，在定植时可以有机肥为基肥，因为其花期长，故每10天左右需追加开花肥。

⑤**日照**　全日照。喜光，需将其置于阳光充足的地方。

⑥**病虫害**　病害主要有叶斑病、白粉病。用50%托布可湿性粉剂500倍液喷洒。

虫害主要有蚜虫、金龟子。用10%除虫精乳油2500倍液喷杀。炎热时易发生红蜘蛛危害，宜及早防治。

繁殖要点

播种繁殖较容易，以春或秋播为主。一般将种子直接散播于土壤上，几乎都可以发芽，发芽适温为15℃~20℃，约5~6天发芽。

扦插繁殖，在生长期间可扦插繁殖，于节下剪取15厘米左右的健壮枝梢，插于砂壤土内，适当遮荫及保持湿度，5~6天即可生根。

Tips 专业小提示 怎样防止波斯菊倒伏？

①7~8月份进行播种。在此期间播种的大波斯菊10月份就能开花，并且植株矮而整齐。

②摘心。在波斯菊的生长期需进行多次摘心，一方面可以使整个植株矮化，另一方面还可以促使萌发分枝增加花朵数。

③少施肥浇水。过多的肥水容易引起植株的徒长而产生倒伏，并且开花稀少。

勋章菊 Gazania

学名：Gazania splendens
科别：菊科，勋章菊属
别名：勋章花、非洲太阳花
种植难易指数：★★
花期：春末至初夏
播种期：春、秋

勋章菊也称作勋章花，原产于南非和莫桑比克，性喜温暖向阳，是很好的园林花卉，适宜布置花坛和花境，也是很好的插花材料。因其整个花序如勋章，故名勋章菊。勋章菊花朵绚丽多彩，花瓣亮泽，早晨开放，晚上闭合，持续10余天；花期大概为春末至初夏，喜阳光，喜生长于较凉爽的地方，耐旱，耐贫瘠土壤；半耐寒，因此在冬季较温和的地区可顺利越冬。勋章菊具根茎，叶丛生，披针形、倒卵状披针形或扁线形，全缘或有浅羽裂，叶背密被白绵毛。花径7～8厘米，舌状花白、黄、橙红色，有光泽。

选购要点

一般在节前3~5天购入为佳，购买时注意植株是否粗壮和无病虫害，花朵是否开得匀称。不要购入花朵偏开于一侧的植株，以开出一半以上的花和带有饱满的花蕾者最好，购回后的赏花期会长达15天左右。

一些盆栽的勋章菊，其花开得很美，但叶片有明显的枯萎卷曲，说明这株植物曾由于浇水不足而导致叶片被灼伤，花虽美丽但无绿叶扶持，室内摆设观赏效果显然较差，尽量不要购买。

养护要点

①介质　勋章菊在肥沃、疏松和排水良好的沙质壤土中生长良好。盆栽土壤可用培养土、腐叶土和粗沙的混合土。

②浇水　勋章菊对水分比较敏感，茎叶生长期需土壤湿润，梅雨季如土壤水分过多，植株容易受涝导致死亡。夏季高温时，空气湿度不宜过高，盆土不宜积水，否则均对勋章菊生长和开花不利。

③温湿度　勋章菊的生长平均适温为15℃~20℃，其中3月份至9月份生长适温为13℃~24℃，9月份至翌年3月份生长适温为7℃~13℃。勋章菊对30℃以上的高温适应性较强，冬季温度不应低于5℃，虽然能耐短时间的0℃低温，但低温时间过长易发生冻害。

④施肥　生长期每半月要施肥一次，或用"济友"15－15－30盆花专用肥。

⑤日照　勋章菊为喜光性花卉，在生长期和开花期均需充足阳光。如栽培场所光照不足，

会导致叶片柔软、花蕾减少、花朵变小、花色变淡。

⑥**病虫害** 勋章菊的主要常见病是叶斑病。此病应以预防为主，可用25%多菌灵1000倍液，叶面喷雾。如已经发病，要用800倍液叶面喷雾，每7天一次，连续2~3次，可基本痊愈。

此花的主要虫害有黑红螨及蚜虫。是刺吸式害虫。这类害虫可用吡虫啉及其改良剂型药剂，如万里红、顶红等作叶面喷雾。

繁殖要点

分株繁殖在春季茎叶生长前，将越冬的母株挖出，盆栽的将母株从花盆倒出，用刀在株丛的根颈部纵向切开，分成若干丛，每丛必须带芽和根系。

扦插繁殖室内栽培的全年都可进行扦插，露地栽培的在春、秋凉爽季节可进行扦插。用芽作插穗，留顶端两片叶，如叶片大，可剪去1/2，以减少叶面水分蒸发。插入50孔穴盘或直接插到沙床里，控温为20℃~25℃，保持较高的空气湿度，一般扦插后20~25天生根。如果用1000毫克/千克吲哚丁酸药液浸蘸1~2秒钟，能加速生根。生根后移入直径为8~12厘米的花盆中栽培即可。

瓜叶菊 Florists Cineraria

学名：Pericallis hybrida B. Nord.
科别：菊科，瓜叶菊属
别名：黄瓜花、千日莲、瓜叶莲、千里光
种植难易指数：★★★

花期：11月至次年4月
播种期：8月中旬
花语：喜悦，快活，快乐
合家欢喜，繁荣昌盛

多年生草本植物，常作1~2年生栽培。分为高生种和矮生种，20~90厘米不等。矮生品种25厘米左右，全株密生柔毛，叶具有长柄，叶大，心状卵形至心状三角形，叶缘具有波状或多角齿。花顶生，头状花序多数聚合成伞房花序，花序密集覆盖于枝顶，常呈一锅底形，花色丰富，除黄色以外其他颜色均有，还有红白相间的复色。因形似葫芦科的瓜类叶片，故名瓜叶菊。

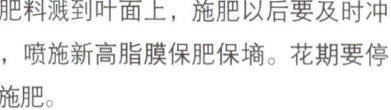

养护要点

①介质　盆土用腐叶土2份、壤土3份、沙土1份配合而成，并适当施以豆饼、骨粉或过磷酸钙作基肥。

②浇水　盆栽保持盆土稍湿润，浇水要浇透。但忌排水不良。

③温湿度　瓜叶菊生长最适温度为18℃~22℃，最高25℃，空气湿度80%。

④施肥　生长期施薄肥，并注意不要使肥料溅到叶面上，施肥以后要及时冲洗，喷施新高脂膜保肥保墒。花期要停止施肥。

⑤日照　浇足水置于阴凉处，成活后给予全光照。瓜叶菊在生长期内喜阳光，不宜遮荫。要定期转动花盆，使枝叶受光均匀，株形端正不偏斜。

⑥病虫害　瓜叶菊的病害主要有枯萎病和白粉病，发现病株应及时拔除，以防蔓延，并喷以200~500倍的50%代森铵液进行防治，每周一次，连续2~3次。

主要虫害有红蜘蛛、蚜虫、白蝇，均可用1500~2000倍液的乐果进行喷杀。

修剪要点

上盆后的瓜叶菊其基部3~4节发生的侧芽应随时抹去，以减少养分的消耗和避免枝叶过于拥塞，从而集中更多的养分供给上部花枝生长，以利于花多、花大、色艳。

繁殖要点

播种繁殖。一般选择8月中旬。瓜叶菊性喜凉爽气候，不耐炎热高温，生长适中温度为15℃~20℃。应把播种箱放在荫棚下面，或放在树荫下面；如果是采用畦播种，那么在畦土的上方一定要搭荫棚，以减少太阳的辐射热。

Tips 专业小提示 瓜叶菊的应用价值

瓜叶菊是冬春时节主要的观花植物之一。其花朵鲜艳，可作为盆栽陈于室内，花团锦簇，优雅动人；也可以作为花坛栽植或盆栽布置于庭廊过道，给人以清新宜人的感觉。

大丽花 Garden Dahlia

学名：Dahlia pinnata Cav.
科别：菊科，大丽花属
别名：大理花、天竺牡丹、东洋菊
种植难易指数：★★
花期：秋春
花语：大吉大利

大丽花植株高约1.5米，叶对生，是羽状复叶。它的头状花序中央有无数黄色的管状小花，边缘是长而卷曲的舌状花，有各种绚丽的色彩，花的娇艳就是通过它显示出来的。墨西哥人把它视为大方、富丽的象征，因此将它尊为国花。

大丽花花瓣有重瓣和单瓣。重瓣的大丽花，有种千瓣花，白花瓣里镶着红条纹，宛如玛瑙，妖艳非凡；而单瓣的品种"红世纪"，花瓣虽少，却显得简单朴素，别有一种情趣。大丽花有膨大的块根，其中贮藏着大量的养料，可作自身无性繁殖。园艺家把块根从根颈处切分，一一分植，可以得到许多新植株。大丽花已有七千多个品种，大丽花的颜色绚丽多彩，有红、黄、橙、紫、白等色，十分诱人。它已成为世界著名花卉，遍布于各地的庭园中。大丽花还以抗污染而闻名。

养护要点

① **介质** 大丽花适生于疏松、富含腐殖质和排水性良好的沙壤土。盆栽大丽花定植用土，一般以菜园土（50%）、腐叶土（20%）、沙土（20%）和大粪干（10%）配制的培养土为宜。

② **浇水** 大丽花喜水但忌积水，既怕涝又怕干旱，因此浇水要掌握"干透浇透"的原则，注意中午或傍晚容易缺水，应适当增加浇水量。

③ **温湿度** 大丽花在10℃~32℃之间都能适应，以15℃~25℃最适宜，32℃以上生长停滞。大丽花不耐寒，一经霜打地下茎便枯萎，地下块根休眠，长江以南可在室外越冬，长江以北宜移入1℃~10℃的低温室内越冬。

④ **施肥** 大丽花是一种喜肥花卉，从幼苗开始一般每天10~15天追施一次稀薄液肥，现蕾后每7~10天施一次。到花蕾透色时即应停浇肥水。气温高时也不宜施肥。施肥量的多少要根据植株生长情况而定。

⑤ **日照** 盆栽大丽花应放在阳光充足的地方，每日光照要求在6小时以上，这样植株茁壮，花朵硕大而丰满。若每天日照少于4小时，则茎叶分枝和花蕾形成会受到一定影响，特别是阴雨寡照则开花不畅，茎叶生长不良，且易患病。

养护要点

盆栽大丽花以采用多次换盆为好。选用口面大的浅盆，同时把盆底的排水孔尽量凿大，下面垫上一层碎瓦片作排水层。培养土必须含有一半的沙土。最后一次换盆需施入足够的基肥，以供应充足的营养。

修剪要点

一般大型品种采用独本整形，中型品种采用4本整形。独本整形即保留顶芽，除去全部腋芽，使营养集中，形成植株低矮、大花型的独本大丽花。4本大丽花是将苗摘心，保留基部两节，使之形成4个侧枝，每个侧枝均留顶芽，可成4干4花的盆栽大丽花。

繁殖要点

分根繁殖法最为常用。由于大丽花只有从根颈部能发芽，在分割时必须带有部分根茎，否则不能萌发新株。为了便于识别，常采用预先埋根法进行催芽，待根颈上的不定芽萌发后再分割栽植。分根法简便易行，成活率高，苗壮，但繁殖株数有限。

> **Tips 专业小提示 大丽花如何安全越冬？**
>
> 大丽花根块不能受冻，不耐寒，11月间，当枝叶枯萎后，要将地上部分剪除，搬进室内，原盆保存。也可将块根取出晾1~2天后埋在室内微带潮气的沙土中，温度不能超过5℃，翌年春季再行上盆栽植。

山茶花 Camellia

学名：Camellia japonica
科别：山茶科，山茶属
别名：薮春、山椿、耐冬、山茶、晚山茶、茶花、洋茶

种植难易指数：★★

花期：秋至春季
播种期：秋季
花语：可爱，谦让，理想的爱，谨慎，了不起的魅力

山茶花原产于中国，为常绿灌木或小乔木，是中国传统十大名花之一，也是世界名花之一。株高可达3～4米。花瓣近于圆形，变种重瓣花瓣可达50～60片，花色有红、白、黄、紫等。花期因品种不同而不同，从10月至次年4月间都有花开放。

茶花花姿丰盈，端庄高雅，具有"唯有山茶殊耐久，独能深月占春风"的傲梅风骨，又有"花繁艳红，深夺晓霞"的凌牡丹的鲜艳，自古以来就是极富盛名的木本花卉。

选购要点

在选购时，不论小苗或大苗都应选择枝叶新鲜、舒展，枝梢顶芽粗大健壮，根群发达旺盛，无病虫害的。

养护要点

①介质　栽培用土要求微酸而疏松，应用腐叶土、松针土加少量河沙盆栽。盆栽时盆底部应填充1/4左右的瓦块、炉渣，以利排水。

②浇水　开花和生长期可略湿，休眠期可略干。

③温湿度　喜温暖湿润的气候，忌过冷过热，白天温度不高于25℃、夜间不低于16℃时生长最好。

④施肥　为促使枝叶繁茂，每两周左右施一次充分腐熟的豆饼稀薄液肥。施肥宜在晴天，而且施肥前应停止浇水。

⑤**日照** 室内盆栽至少应有4小时以上的光照，对促使枝叶生长健壮、叶芽开展、花芽分化等都有好处。在盛夏烈日下的中午前后应适当遮阴。

⑥**病虫害** 易被介壳虫危害，可用旧牙刷沾肥皂水洗，去除黑斑点。因肥皂水为碱性，而这类介壳虫遇碱就死，是一种既简便又有效的防治办法。

扦插繁殖，在6月中下旬梅雨季节，选当年生长健壮、叶片浓绿光润的枝条10～15厘米，除去下部2～3片叶子，将节的下方用利刀削平。下方则留顶芽、侧芽各一个，叶片2～3枚。将插穗插在盛净沙或蛭石的盆里，必须使枝条与土壤密贴，喷水后再压实。盆上用塑料薄膜覆盖，并要经常给叶面喷水，保持插壤湿润，这样可以促其生根，约过20天可愈合发根。冬季要放室内养护，到第二年春天再分栽上盆。

杜鹃花 Azalea

学名：Rhododendron
科别：杜鹃花科，杜鹃花属
别名：映山红、山石榴、山踯躅、红踯躅
种植难易指数：★★

花期：夏季
播种期：春季
花语：爱的欣喜，节制，节制欲望

杜鹃花原产于北温带，分布于欧洲、亚洲及北美洲，以亚洲为最多。它是中国十大名花之一，多为灌木或小乔木，因生态环境不同，有各自的生活习性和形状。最小的植株只有10厘米高，呈垫状，贴地面生。最大的高达20米，巍然挺立，蔚为壮观。杜鹃花盛开之时，恰值杜鹃鸟啼之时，因而得名。

杜鹃花、叶均美观，是优良的盆景材料，花繁叶茂，绮丽多姿，萌发力强，耐修剪，根桩奇特。在所有观赏花木之中，称得上花、叶兼美。

栽培要点

栽培杜鹃花的花盆，可根据用途，一般选用泥盆和紫砂盆两种。泥盆通气透水性好，有利于根系生长。成型的杜鹃花，特别是已造型的杜鹃花，为供室内外陈设，一般栽于美观古雅的紫砂盆中。但紫砂盆通透性能不及泥盆，在种植时，应在四周盆壁垫以碎瓦片，以利于排水。选盆的大小要视植株年龄，一般4～6年生植株用15厘米盆；7～10年生植株用18厘米盆；11～15年生殖株用27厘米盆。每隔3～5年换盆1次，同时修整根系。

养护要点

①介质　性喜疏松、通透性强、排水良好、富含腐殖质的酸性（pH值5.0～6.0）土壤。

②浇水　喜阴湿，不宜过干，开花期间尤需更多水分。冬季进入休眠期，需水量不多，一般每隔4～5天浇1次，宜在晴暖天中午前后进行。具体可视盆土干燥情况适量浇水。

最好使用雨水，其次用河水、池塘水。如用自来水，宜把水存放1～2天，让氯气挥发掉

再使用,用时加 0.2%硫酸亚铁。

③温湿度 喜温暖湿润、通风良好的环境。生长适温为12℃~25℃,温度超过30℃时生长缓慢或呈半休眠状态,温度低于5℃进入休眠期,低于-3℃会出现冻害。

④施肥 比较喜肥,但不喜大肥,忌浓肥,可薄肥勤施。一般采用腐熟的饼肥、鱼粉、蚕豆或紫云英等经腐烂后掺水浇灌,忌用人粪尿。

⑤日照 喜半阴,平时可放在光线明亮处养护,夏季和初秋的高温季节要进行遮光,避免烈日暴晒,否则强光会灼伤叶片,但也不能过于荫蔽,以免植株徒长,影响开花,可放在阴棚下或树阴下养护。

⑥病虫害 病害最常见的是褐斑病,可用800倍托布津或等量式波尔多液防治。

虫害常见的有军配虫、顶芽卷叶虫、红蜘蛛。军配虫(又名冠网蜡)在危害期间喷洒40%乐果1500倍液,每7天喷1次,连续3次或用敌敌畏防治;顶芽卷叶虫防治方法主要靠人工捕捉杀死,幼虫或蛹也可用40%乐果乳油2000倍液或敌敌畏1500倍液喷杀;红蜘蛛,可用1000倍的三氯杀螨醇液防治。

修剪要点

生长较缓慢,一般任其自然生长,只在花后进行整形,剪去徒长枝、病弱枝、畸形枝、损伤枝,均以疏剪为主。

繁殖要点

扦插多采用半木质化的枝条,在5~8月份均可进行。常以河沙、珍珠岩加草炭作基质。插后花盆用塑料袋罩上,放半阴处,1周内每天早晚各喷1次水,以后经常保持盆土湿润。在20℃~25℃温度条件下,一般品种40~60天即可生根。西鹃生根较慢,需60~70天。

比利时杜鹃 Sims azalea

学名：Rhododendron hybrida
科别：杜鹃花科，杜鹃花属
别名：西洋杜鹃
种植难易指数：★★

花期：冬、春季
播种期：4月
花语：鸿运当头、生意兴隆

比利时杜鹃为常绿灌木，木本植物，矮小。枝、叶表面疏生柔毛。叶互生，叶片卵圆形，全缘。花顶生，花冠呈阔漏斗状，半重瓣，从比利时引种到我国。花色有红、白、粉红、大红、国旗红等。它是世界盆栽花卉生产的主要种类之一。

比利时杜鹃株形美观，叶色浓绿，花朵繁茂，花色艳丽。盆栽用它点缀宾馆、小庭院和公共场所，鲜明艳丽，娇媚动人，使人流连忘返。元旦、春节在窗台、阳台或客室摆放1~2盆比利时杜鹃，灿烂夺目，增添欢乐气氛。

养护要点

①**介质** 肥沃、疏松、富含有机质、排水良好的酸性土壤。

②**浇水** 水质应偏酸，11月后可少浇水，2月下旬浇水增加，3~6月每日浇一次，不足时傍晚补水，盆中积水要及时倒水，7~8月要随干随浇，还要于午间在地面、叶面喷水，9~10月也要注意浇水。

③**温湿度** 生长适温为12℃~25℃，高温季节，温度超过30℃，生长缓慢，如长期处于高温环境，花芽不易形成。温度在15℃~25℃时花蕾发育较快，30~40天可开花。

④**施肥** 比利时杜鹃根系细，施肥不宜过浓，一般在生长旺盛期，每半月施肥1次。同时，增施2次0.15%的硫酸亚铁溶液，或用"卉友"21–7–7酸肥。

⑤**日照** 比利时杜鹃为长日照植物。但它喜半阴，怕强光直射。遇直射光过强，叶子反而失绿，使叶边缘呈褐红色。

⑥**病虫害** 比利时杜鹃易受褐霉病危害，尤其在高温多湿的梅雨季，必须及早预防，可用等量式波尔多液或50%多菌灵可湿性粉剂1500倍液喷洒。

夏秋季易受红蜘蛛和军配虫危害。红蜘蛛多发生于夏秋为害叶片，使叶片呈灰白色，可用40%乐果乳油1500倍液喷杀；军配虫常发生于8~9月，危害严重时，叶片大量脱落，直接影响树势。发现危害初期，用40%氧化乐果乳油1000倍液喷杀。

修剪要点

生长期要进行修剪、整枝和摘心。剪除有损树姿的徒长枝和从根际发出的萌蘖枝。影响通风透光和交叉的过密枝条应适当疏稀。病株和枯枝应随时剪除,以利萌发新枝。

繁殖要点

扦插繁殖。通常在5~6月进行。选择半成熟嫩枝为好,插条长12~15厘米,去掉基部2~3片叶,留下顶端叶片并剪去一半,插于盛腐叶土或河沙的插床中,扦插的深度为插条的一半,插后压实,保持湿度,40~50天开始愈合,60~70天逐渐生根。如插条用0.2%吲哚丁酸溶液浸蘸基部1~2秒,可提高生根率。

> **Tips 专业小提示 大丽花如何安全越冬?**
>
> 比利时杜鹃花后必须换盆,幼苗期每2~3年换盆1次,10年后可3~5年换盆1次。老树则可多年不换。

金鱼草 Snapdragon

学名：Antirrhinum majus
科别：玄参科，金鱼草属
别名：龙头花、龙口花、兔子花、狮子花、洋彩雀

种植难易指数：★★
花期：冬至春季
播种期：秋季
花语：欺骗，高尚的女士，力量

金鱼草原产于南欧地中海沿岸一带，属多年生草本植物，常做一二年或一年栽培。因外形像金鱼而得名，尤其用手轻压花的喉部，花会一开一合，像极了金鱼的嘴巴。在花色上，除了有白、红、橘、黄、深黄、浅黄、黄橙、淡红、深红、粉红、紫、肉色等单色外，也有上红下白、上红下黄、上褐下黄等双色品种。

金鱼草可分成高性及矮性品种，高性品种株高超过30～50厘米，可当花坛及切花用。矮性品种金鱼草，高度约20厘米，主要用于盆花和花坛。

选购要点

市售金鱼草多是矮性品种的7.5厘米盆，应选择分枝多、叶子肥大茂密的。若需求量小或有栽培兴趣者，建议直接购买幼苗比较方便。

养护要点

①**介质** 宜用肥沃、疏松和排水良好的微酸性沙质壤土。

②**浇水** 耐湿，怕干旱，对水分比较敏感，盆土必须保持湿润，盆栽苗必须充分浇水。但盆土排水性要好，不能积水，否则根系腐烂，茎叶枯黄凋萎。浇水时不要浇到花，否则易谢。

③**温湿度** 不耐热，较耐寒。生长适温，9月至翌年3月为7℃～10℃，3～9月为13℃～16℃。幼苗在5℃条件下通过春化阶段。高温对其生长发育不利，开花适温为15℃～16℃，有些品种温度超过15℃，不出现分枝，影响株态。能抵抗-5℃以上的低温，-5℃以下则易冻死。

④**施肥** 喜肥。幼苗生长缓慢，在栽植前应先翻耕土地并施入基肥。生长期施两次以氮肥为主的稀薄饼肥水或液肥，促使枝叶生长，但注意施肥不能过多，否则会引起徒长，影响开花。孕蕾期施1~2次磷、钾为主的稀薄液肥，有利于花色鲜艳。每次施肥前应松土除草。

⑤**日照** 喜阳光，也耐半阴。阳光充足时，植株矮生，丛状紧凑，生长整齐，高度一致，开花整齐，花色鲜艳；半阴条件下，植株生长偏高，花序伸长，花色较淡。

⑥**病虫害** 苗期发生立枯病，可用65%代森锌可湿性粉剂600倍液喷洒。生长期有叶枯病和炭疽病危害，可用50%退菌特可湿性粉剂800倍液喷洒。

虫害有蚜虫夜蛾危害，用40%氧化乐果乳油1000倍液喷杀。

修剪要点

作为露地观赏可适当摘心，促使侧枝萌发，增加观赏效果。当金鱼草幼苗长至10厘米左右时，就可以做摘心处理，以缩短植株高度，增加侧枝数量，增加花朵。修剪时剪去病弱枝、枯老枝和过密枝条。为延长花期，开完花后，需从花穗由上往下数两节，将其剪掉。

繁殖要点

扦插一般在6~7月份进行。可在花败后，选择植株健壮的植株，剪去老枝，地上部保留2~3米主茎，剪后施以氮为主的复合肥，待发出芽后剪取扦插。插穗长度为3~4节，尽量在节间下剪取，去掉下部叶片，保留上部1~2叶。

换盆要点

幼苗长出4~5片真叶时，可移至口径8~12厘米的花盆内，盆土宜采用7份腐殖质土加3份园土混合。幼苗淋水宜用喷壶，喷透为止。随着幼苗的逐渐长大再换一次盆，定植在20~24厘米口径的花盆内。

Tips 专业小提示 去花市如何分辨高、矮品种的金鱼草？

矮性品种在很矮的位置就开始分枝，并且开始开花；高性品种大约在30厘米以上才开花。

荷包花 Slipper wort

学名：Calceolaria herbeohybrida
科别：玄参科，蒲包花属
别名：红川七、紫万年青、蒲包花
种植难易指数：★★

花期：冬季至次年春季
播种期：8月底9月初
花语：援助，富有，富贵

荷包花为多年生草本植物，原产南美地区的墨西哥、智利等，现分布世界各地。在园林上多作一年生栽培花卉，株高约30厘米，全株茎、枝、叶上有细小茸毛，叶片卵形对生。花形别致，花冠二唇状，上唇瓣直立较小，下唇瓣膨大似蒲包状，中间形成空室，柱头着生在两个囊状物之间。花色变化丰富，单色品种有黄、白、红等深浅不同的花色，复色则在各底色上着生橙、粉、褐红等斑点。蒴果，种子细小多粒。

选购要点

在春节前2~3天时挑选花开满盆的植株最好，购买后最好套上透明塑料袋或围上旧报纸，以免在运输途中受大风吹折，产生难看的黑色折痕。

养护要点

①介质 土壤以肥沃、疏松和排水良好的沙质壤土为好。常用培养土、腐叶土和细沙组成的混合基质，pH值在6.0~6.5。

②浇水 盆土中水分不宜过大，空气过于干燥时宜多喷水，少浇水，浇水掌握间干间湿的原则，防止水大烂根。水不要溅在叶面上，以免造成烂根。

③温湿度 在7℃~15℃条件下生长良好，冬季室内温度要维持在5℃~10℃。

④施肥 每半月施肥1次。氮肥不能过量，否则易引起茎叶徒长和严重皱缩。当抽出花枝时，增施1~2次磷钾肥。

⑤日照 荷包花属长日照花卉，对光照的反应比较敏感。幼苗期需明亮光照，叶片发育健壮，抗病性强，但强光时适当遮荫保护。如需提前开花，以14小时的日照可促进形成花芽，缩短生长期，提早开花。

⑥病虫害 荷包花易发生病虫害，种植中应采取措施，幼苗期易发生猝倒病，应进行土壤

消毒，拔出病株，或使盆土稍干。空气过于干燥，温度过高，易发生红蜘蛛、蚜虫等，可喷药，增加空气湿度或降低气温。

修剪要点

当抽出花枝时，增施1~2次磷钾肥。同时，对叶腋间的侧芽应及时摘除，否则侧生花枝过多，不仅影响主花枝的发育，还会造成株形不正，缺乏商品价值。

繁殖要点

播种繁殖。播种多于8月底9月初进行，此时气候渐凉。培养土以6份腐叶土加4份河沙配制而成，于"浅盆"或"苗浅"内直接撒播，不覆土，用"盆底浸水法"给水，播后盖上玻璃或塑料布封口，维持13℃~15℃，一周后出苗，出苗后及时除去玻璃、塑料布，以利通风，防止碎倒病发生。逐渐见光，使幼苗生长茁壮，室温维持在20℃以下。当幼苗长出两片真叶时进行分盆。

Tips 专业小提示 荷包花的运输处理

荷包花在商品运输过程中易受乙烯毒害，会造成大量花朵脱落，失去观赏价值。可以在运输前半个月用0.2~0.5毫摩尔/升硫代硫酸银（STS）溶液喷洒一次，可以保证盆花的商品价值。

矮牵牛 Petunia

学名：Petunia hybrida Vilm

科别：茄科，碧冬茄属或矮牵牛属

别名：碧冬茄、杂种撞羽朝颜、灵芝牡丹、毽子花、矮喇叭、番薯花、撞羽朝颜

种植难易指数：★★

花期：秋至春季（矮牵牛），全年（耐热矮牵牛）

播种期：秋季、冬季（矮牵牛），春季、夏季（耐热矮牵牛）

花语：安心

矮牵牛原产于南美洲阿根廷，为多年生草本，常作一二年生栽培。株高15～80厘米，也有丛生和匍匐类型。播种后当年可开花，花期长达数月，花冠喇叭状。花色有红、白、粉、紫及各种带斑点、网纹、条纹等。因花形像牵牛花，并且与普通的牵牛花比较起来较为矮小而得名，但和牵牛花一点关系都没有。

选购要点

商品规格分7.5厘米黑软盆苗与13厘米盆成株两种。黑软盆苗选购要以植株已经开花，分枝多，枝条略为伸出盆缘为宜，但是如果太长而"拖地"，表示苗已经太老了。

养护要点

①介质　宜用疏松肥沃和排水良好的沙壤土。

②浇水　浇水始终遵循"不干不浇，浇则浇透"的原则。夏季生长旺期，需充足水分，特别是高温季节，应在早、晚浇水，保持盆土湿润。花期雨水多，花朵易褪色或腐烂。盆土若长期积水，则烂根死亡。

③温湿度　生长适温为13℃～18℃，冬季温度在4℃～10℃。夏季能耐35℃以上的高温，如低于4℃，植株生长停止。

④施肥　不宜施肥过多，过量施肥会使其植株徒长、倒伏而着花量减少。生长季节应每15～20天施1次

稀薄的饼肥水。开花期间需多施含磷钾的液肥，使其开花不断。

⑤日照 属长日照植物，生长期要求阳光充足。

⑥病虫害 常见病害有白霉病、叶斑病和病毒病。常见虫害有蚜虫，可喷洒40%氧化乐果1000倍液。

修剪要点

生产中一般不经摘心处理，但在夏季需摘心一次。矮牵牛较耐修剪，如果在第一次修剪失败，可以再修剪一次。

繁殖要点

发芽适温为20℃～22℃，采用室内盆播，用高温消毒的培养土、腐叶土和细沙的混合土。播后不需覆土，轻压一下即行，约10天左右发芽。当出现真叶时，室温以13℃～15℃为宜。

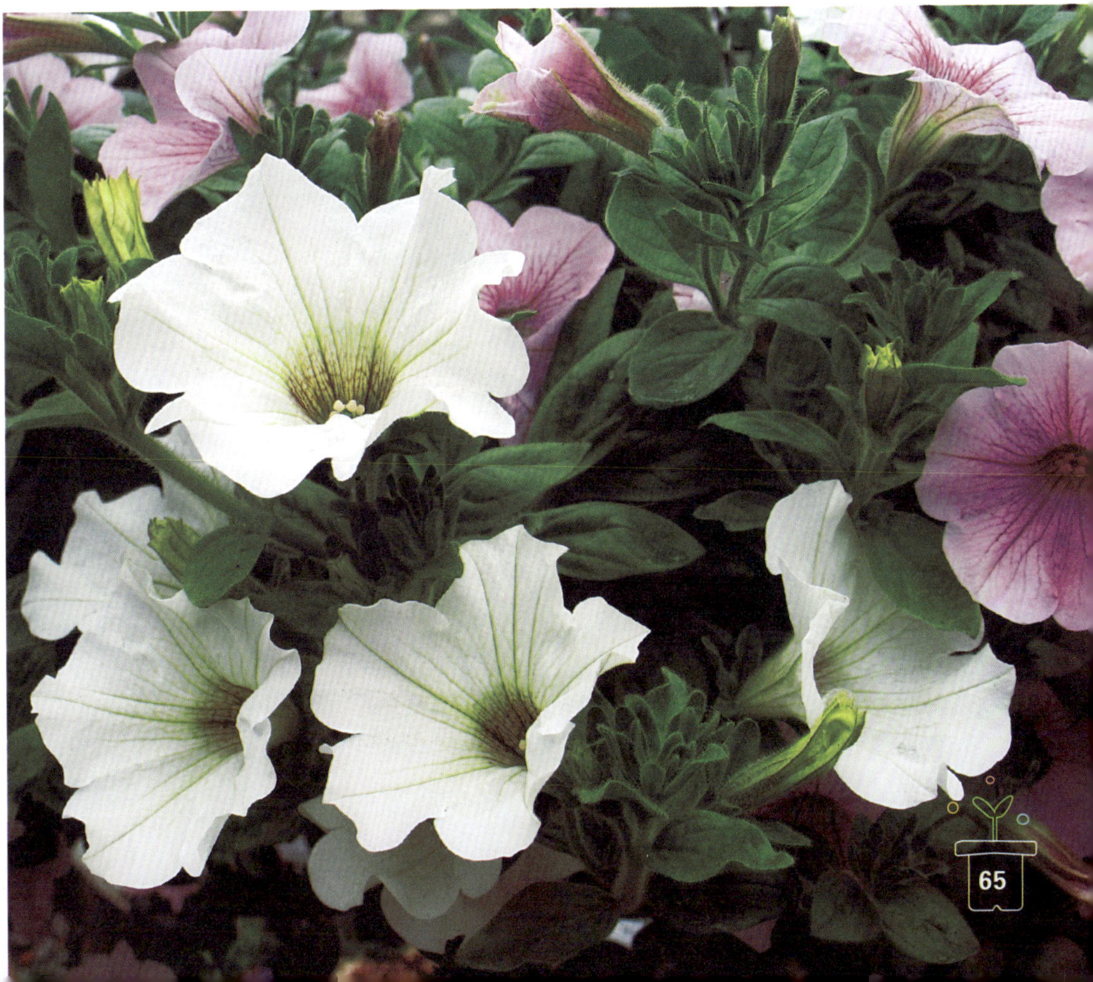

酢浆草 Creeping Woodsorrel

学名：Oxalis corniculata L
科别：酢浆草科，酢浆草属
别名：酸浆草、酸酸草、斑鸠酸、三叶酸、酸咪咪、钩钩草

种植难易指数：★
花期：夏季
花语：爱国

酢浆草为多年生草本植物，全体有疏柔毛；茎匍匐或斜升，多分枝。叶互生，掌状复叶有3小叶，倒心形，小叶无柄。主要有红花酢浆草、白花酢浆草和紫叶酢浆草等品种。

养护要点

①**介质** 一般园土均可生长，但以排水良好、腐殖质丰富的沙质壤土为佳。

②**浇水** 抗旱能力较强，浇水应注意做到土壤潮而不湿。生长期间经常保持盆土湿润，夏季注意适当喷水，以增加空气湿度。

③**温湿度** 喜温暖、湿润的环境，夏季炎热地区宜遮半阴，一般不惧怕低温，即使-3℃~5℃也冻不死；冬季入室，置于朝南房间，更有观赏价值。室温保持在6℃以上便可安全越冬。

④**施肥** 基肥可结合换盆，将发酵充分的饼肥与少量园土，或用1/3充分发酵的城市生活垃圾与2/3园土拌匀施之。每隔半个月左右追施一次稀薄饼肥水，即能花繁叶茂。

⑤**日照** 为喜光植物，应放在阳光充足的环境下。

⑥**病虫害** 生长茂密，下部通风透光差，高温度湿易发生白粉病，叶子发黄霉烂，可喷三唑酮、托布津等杀菌剂。另外，5月初红蜘蛛开始为害。由于酢浆草叶浓密，防治困难，所以必须以防治为主。4月温度升高时开始喷施杀螨剂，不能在红蜘蛛大发生时才防治。

繁殖要点

分株繁殖。一年中除冬季不宜繁殖外,其他季节均可进行,其中以4~5月份最适宜。一盆母本一般可分成3~4株。盆土,最好取有机质丰富的壤土或菜园土,分株移栽后数天内,应置于阴凉处,并经常向叶面喷雾,明显成活以后便可放在弱太阳光下。

风信子 Hyacinthus

学名：Hyacinthus orientalis L

科别：风信子科，风信子属

别名：洋水仙、西洋水仙、五彩水仙、五色水仙、时样锦

种植难易指数：★★

花期：春季、夏季

花语：重生的爱，悲伤的爱情，永远的怀念

　　风信子原产于地中海和南非，为多年生草本植物。具鳞茎，植株低矮整齐，叶厚、长条形。花小而密，着生于顶生的总状花序上。花序端庄，花色丰富，花姿美丽，色彩绚丽，在光洁鲜嫩的绿叶衬托下，恬静典雅。花有紫、白、红、黄、粉红、蓝等色，还有重瓣、大化、早化和多倍体等品种。

　　风信子是中国早春开化的著名球根花卉之一，也是重要的盆化种类。一到春节，各色风信子芳香阵阵，五彩缤纷，充满节日欢乐气氛。

选购要点

　　要选择表皮无损伤、肉质鳞片不过分皱缩、较坚硬而沉重、饱满的种球，才能开出丰硕美丽的花。通常从种皮的颜色可以基本判断所开的是什么颜色的花。比如外皮为紫红色的会开紫红色的花，若是白色会开白色的花，但有些经过杂交育成的品种颜色较为复杂，有时会分辨不清，需要向售卖者询问清楚才好购买。

栽培要点

　　盆栽时，应选择排水好的疏松土壤，施足基肥，在10月份时将种头种入盆内，每小盆种1球，大盆种3~4球，然后盖土，鳞茎的上端要露出盆土。栽植深度5~8厘米，栽后要保持土壤湿润。经过120天左右可开花。花期过后，若要再开花，需要剪掉之前奄奄一息的花朵。6月植株枯萎后挖出鳞茎，晾干后贮藏于温度不超过28℃的室内。

　　水培时，应选择瓶口略小于鳞茎的玻璃器皿，将鳞茎放在瓶口上，加水至离鳞茎盘约1厘米处，勿使鳞茎盘浸入水中，然后置于阴暗处。也可以几个鳞茎一起在浅盆中进行水培。

养护要点

　　①**介质** 宜肥沃、排水良好的沙壤土，忌过湿或黏重的土壤。

②浇水及换水 喜湿润的环境，但初期浇水不要过多。生长季节浇水以保持土壤的湿润为度。水培风信子约4天换一次水。

③温湿度 喜冬季温暖湿润、夏季凉爽稍干燥。温度过高，甚至高于35℃时，会出现花芽分化受抑制、畸形生长、盲花率增高的现象；温度过低，又会使花芽受到冻害。

土壤湿度应保持在60%～70%之间。空气湿度应保持在80%左右，并可通过喷雾、地面洒水增加湿度，也可用通风换气等办法，降低湿度。

④施肥 喜肥，也耐贫瘠。生长期及花前期施10倍腐熟的液态肥各1～2次，或1000倍"花多多"通用肥各2～3次，花后追施10倍腐熟的液肥混合等量的500倍液磷酸二氢钾，或1000倍"花多多"通用肥1～2次，有利于地下球茎的增大。

水养风信子不需施肥，只需清水培养，快开花时在水中加几粒尿素，可使叶色更翠绿。

⑤日照 全日照。风信子喜光，或半阴的环境。应置于阳光充足的环境中，光照过弱，会导致植株瘦弱、茎过长、花苞小、花早谢、叶发黄等情况发生，但光照过强也会引起叶片和花瓣灼伤或花期缩短。

水培风信子当新根伸入水中并开始长出新叶时，可移到光照处，等待抽葶开花。

⑥病虫害 黄腐病。受害植株叶脉周围产生水淹状病斑，以后呈黄色或褐色。被害鳞茎内部充满黄色黏液，腐烂。应挑选健壮的种球，种植前用福尔马林液进行土壤消毒；发病时可喷洒50%多菌灵1000倍液。

菌核病。由鳞茎侵入。被害叶片出现黄色条斑或圆斑。应选择健壮、充实、无病的种球；种植前以盆土重量0.2%的五氯硝基苯进行土壤消毒，将其与盆上充分拌均匀后再进行栽植；发现病株及时拔除烧毁或深埋。

繁殖要点

繁殖时用壤土、腐叶土、细沙等混合作营养土，一般10厘米口径盆栽一球，15厘米口径盆栽2～3球，然后将鳞茎埋入土中，其上覆土10～15厘米，经7～8周，芽长到10厘米以上时，去其覆土使阳光照射。

鸿运当头 Bromelia

学名：Guzmania conifera
科别：凤梨科，果子蔓属
别名：咪头、圆锥果子蔓、火炬凤梨
种植难易指数：★
花期：冬至春季
花语：吉祥，高贵，四季发财

鸿运当头原产于安第斯山脉，为多年生常绿草本植物。叶宽带形，外弯，暗绿色。叶片的基部常相互紧叠成向外扩展的莲座状，有如人工制作的盛水筒，可以贮水，四季常绿。穗状花在株顶或中部开放，花序呈圆锥状，苞片密生。常见的有大红、粉红、金黄、玫红等品种。因花芯鲜红，又名"四季发财"，是花卉中的精品，也是著名的室内观叶、观花植物。

鸿运当头花期较长，适宜家庭莳养，花叶都仿佛涂了一层蜡质，柔中带硬而富有光泽，作为客厅摆设，既热情又含蓄，很耐观赏。

宜选株形规则、健壮，花色彩绚丽的。

①介质 以疏松的泥炭土、腐殖土、树蕨碎渣混合培养土为好。家庭栽培可选用草炭土2份加入细沙1份混合，配制成培养土。

②浇水 喜湿润，平日保持盆土湿润即可，阴雨天一般不浇水。浇水时要浇晾2～3天的清水为宜，不可直接用自来水浇灌。浇水时要浇在植株的"杯"状中，不要直接浇在花盆的基质中，即使是盆内基质中偏干，叶杯中有水的话，植株依然生长良好。但如果只是盆土中湿度大，而叶杯中无水则植株无生气，易出现叶子发黄等不良反应。

鸿运当头既能赏花又可观叶，每日最好在叶面上喷洒一次清水，清除粉尘，使叶色亮丽，同时还有利于进行光合作用，促使植株健壮生长。

③温湿度 性喜温暖的环境，适宜生长温度为白天21℃～28℃，夜晚18℃～21℃，最高温度不能超过35℃。高温对生长不利，但长期处于10℃的环境中易造成植株生长迟缓，叶片或苞片变红、变白、失色等。温度若继续下降则会造成植株死亡。

空气湿度宜高，一般为75%～85%为佳，低于50%时植株生长会发生缩叶、卷曲等现象。

④施肥 原为寄生植物，根系不够发达，只有小而短的根系，忌施过多的肥料，以防根系腐烂、叶子发黄，应施稀薄肥水。花期要求有足够的肥料，通常每两周施用一次稀薄有机液肥，例如豆饼、麻酱渣浸泡液（浓度为20%为宜），也可用黄豆浸泡液或经过发酵的淘米

水。花后及时剪去花，补充肥料，全水溶性肥料也可随浇水同浇在叶杯中，但其他的如饼肥、颗粒化学肥料等不宜施在叶杯中。

氮肥浓度相对于钾肥过高时，会导致叶窄长，叶色墨绿；钾肥浓度过高时，会形成叶子短而长；磷肥过量则会引起叶片的顶烧。硼、锌、铜元素对鸿运当头有危害，但镁元素是其必需的，在施加的肥料中添加3%的硫酸镁，能促进生长。同时可以适当增加钙元素。

⑤日照 喜散射光，忌直射光。要使其叶色明亮、定期开花，光照十分重要，冬季每天至少要有4~5小时的直射阳光。过弱时会生长不良，遇到阴雨天，可用灯光增加光照。但光照太强，叶片易受光灼，夏季宜将苗盆放置在树荫处，室内栽培也可根据需要设置遮阴网。

⑥病虫害 在温湿度过高、通风不良的环境中，容易发生病虫危害，例如煤烟病、白粉病和红蜘蛛、介壳虫等。若发现病害，可及时喷洒多菌灵，虫害可喷洒氧化乐果。无论喷洒哪种药液，都必须在室外进行，以防止污染室内环境。此外，也可到花卉市场购买灭菌、杀虫药片，埋入盆土中，根除病虫害。

另外，由于叶筒长期贮存水，根、叶易腐烂，故要注意往叶筒内加水时用干净水，时间长了再用500倍的百菌清杀剂清洗根、叶部，防止腐烂。

繁殖要点

基部的叶腋会不断长出小芽，待其长出5~6片叶时，可切下扦插繁殖，约1个月左右就能生出根须。

三角梅 Bougainvillea

学名：Bougainvillea Spectabilis
科别：紫茉莉科，叶子花属
别名：九重葛、三叶梅、毛宝巾、勒杜鹃、三角花、叶子花、叶子梅、纸花、南美紫茉莉等

种植难易指数：★★
花期：冬季至春季。管理得当，全年可开花
花语：热情，坚忍不拔，顽强奋进

三角梅原产于巴西，为常绿攀援状灌木。花期长，只要管理得当，一年四季都有花开。花多且美丽，品种丰富，苞片颜色有红色、紫色、橙色、黄色、白色等，还有单瓣、复瓣和斑叶等。

栽培要点

由于长期浇水、施肥和雨水冲刷，盆土容易板结，因此必须定期松土，同时清除盆土杂草，以利于生长。否则盆土板结、积水，容易造成根系腐烂或生长不良。另外，生长速度较快，根系发达，须根甚多，每年需换盆一次。

开花期间落花、落叶较多，需及时清除，保持清新美观。

养护要点

①介质 对土壤要求不高，耐贫瘠、耐碱，在排水良好、含矿物质丰富的黏重壤土中生长良好。

②浇水 初夏生长季节，每天浇一次水，保证枝叶生长。6~7月，根据不同品种适当控水3~4次，控水程度为使枝梢和叶片稍萎蔫。这时每天向叶片喷水1~2次，待2~3天后浇透水。反复控水几次或隔天浇水，可促进花芽分化。当新梢出现花蕾时，每天早晚各浇一次重水，并向叶面喷水1~2次。10月后视土壤的干湿程度适当浇水。冬季入室后，保持不干不浇，浇则浇透。

③温湿度 喜温暖湿润气候，不耐寒。生长适温为15℃~30℃，其中5~9月份为19℃~30℃，10月至次年4月为13℃~16℃，在夏季能耐35℃的高温，温度超过35℃以上时，应适当遮荫或采取喷水、通风等措施。冬季应维持不低于5℃的环境温度，否则易受冻落叶，在3℃以上才可安全越冬。

15℃以上方可开花，为延长花期，应在冬初寒流到来前及时搬入室内，置于阳光充足处，维持较高的环境温度（可在元旦、春节间持续开花）。

④施肥 每年施肥4~5次，生长期和花期约两个月一次，休眠期约四个月一次，以复合肥

为主。开花期时，需要养分多，因此开花前要增施磷肥2~3次，平时勿施太多的肥料，以免枝条疯长而不开花。

⑤**日照** 喜光，为了使枝叶生长正常，增加开花次数，必须摆放在光线充足、通风良好的位置，让它每天光照8~12小时。如果摆放位置经常荫蔽，会使植株徒长，而减少开花数量。如果摆放位置不通风或盆与盆之间摆放过密，会使叶子脱落，特别是炎热夏天，忽热忽雨，容易造成大面积叶子脱落，从而影响植株的生长和开花。

⑥**病虫害** 常见病害主要有枯梢病，常见虫害主要有叶甲和蚜虫。平时要加强松土除草，及时清除枯枝、病叶，注意通气，以减少病源的传播。加强病情检查，发现病情及时处理，可用乐果、托布津等溶液防治。

修剪要点

三角梅生长迅速，生长期要注意整形修剪，以促进侧枝生长，多生花枝。修剪次数一般为1~3次，不宜过多，否则会影响开花次数。生长期应及时摘心，促发侧枝，利于花芽形成，促开花繁茂。花期过后要对过密枝条、内膛枝、徒长枝、弱势枝条进行疏剪，对其他枝条一般不修剪或只对枝头稍作修剪，不宜重剪，以缩短下一轮的生长期，促其早开花、多次开花。

繁殖要点

扦插繁殖时，剪取成熟的木质化枝条，长20厘米，插入沙盆中，盖上玻璃，保持湿润，一个月左右可生根，培养两年可开花。

睡莲 Pygmy waterlily

学名：Nymphaea alba
科别：双子叶植物纲、睡莲科、睡莲属
别名：子午莲、水芹花
种植难易指数：★

花期：夏季、秋季
播种期：春季
花语：洁净、纯真、妖艳

睡莲原产于中国、印度、埃及、墨西哥、南非、美国等地区，为多年生水生植物。叶丛生，浮于水面，近圆形或卵状椭圆形，上面浓绿，幼叶有褐色斑纹，下面暗紫色。花单生于细长的花柄顶端，多白色、紫色，漂浮于水，直径3～6厘米。3～4月萌发长叶，5～8月陆续开花，每朵花开2～5天，日间开放，晚间闭合。花后结实。10～11月茎叶枯萎。翌年春季又重新萌发。

睡莲花色艳丽，花姿楚楚动人，在一池碧水中宛如冰肌脱俗的少女，被誉为"花中睡美人"、"水中女神"，是水生花卉中的名贵花卉。其外形与荷花相似，不同的是荷花的叶子和花挺出水面，而睡莲的叶子和花浮在水面上。

养护要点

①**介质** 对土质要求不严，pH值6～8均生长正常，但喜富含有机质的土壤。

②**温湿度** 根据其习性可以分为热带睡莲和耐寒睡莲两种。热带睡莲原产热带、亚热带地区，生长期温度需保持在15℃以上，否则停止生长，当温度低于10℃时会冻害。也有部分耐寒性较好，略加以覆盖保护就可以安全越冬，如墨西哥黄睡莲（Nymphaea mexicana）。热带睡莲在中国南方地区可常年开花，在南京及北方地区可作为一年生栽培。

耐寒睡莲保持0℃以上即可越冬，温度过高影响休眠。

③**施肥** 特别喜肥。栽植时可用厩肥、饼肥等施足底肥。花期要追肥，可采用复合肥、饼肥或磷酸二氢钾（每15天一次），连施3至4次，促花效果显著。

④**日照** 睡莲性喜阳光充足、温暖潮湿、通风良好的气候。采取盆缸栽培的睡莲，一定要置于光照充足的位置，让其接受全日照。

⑤**病虫害** 主要病害有黑斑病、褐斑病。前者发病时，可喷施75%的百菌清600～800倍液防治。后者发病严重的可喷施50%的多菌灵500倍液或用80%的代森锌500～800倍液进行防治。

睡莲的叶易遭夜盗蛾等食叶害虫的侵害，致使叶面损伤，光合作用降低，势必影响开花，应及时防治。另外，有蚜虫、红蜘蛛发生时，可根据实际情况喷施25%西维因可湿性粉剂500～1000倍液。

繁殖要点

播种繁殖，将黑色椭圆形饱满的种子放在清水中密封储藏，直至第二年春天播种前取出。浸入25℃～30℃的水中催芽，每天换水，两周后即可发芽。待幼苗长至3～4厘米时，即可种植于池中，保证足够的水深。

分株繁殖，一般用分株繁殖。每年春季3～4月份，气候转暖，芽刚刚萌动时将根茎掘起，用利刀分成几块。保证根茎上带有两个以上充实的芽眼，栽入池内或缸内的河泥中。

Tips 专业小提示　睡莲栽培三要点

①完全水养的睡莲很简单，直接把根茎放于水种即可。全水养搭配上营养液栽培对生长有帮助。

②选好栽培土：睡莲很好养殖，土壤无特别要求，一般泥土均可。因为水土混养，泥土长时间浸泡在水里自然形成淤泥。当然如果有现成的淤泥、塘泥最好。

③适当浅栽：泥土埋住根茎，上有两厘米左右的覆盖土就好，埋得太深反而不利于早生快发。

宝莲灯花 Medinilla

学名：Medinilla magnifica
科别：野牡丹科，酸角杆属
别名：珍珠宝莲、宝莲灯、美丁花
种植难易指数：★

播种期：春季、秋季
花期：春季、夏季
花语：财源滚滚

　　宝莲灯花全世界大概有300个品种，在热带雨林地区，宝莲灯可以长到1.5米高，株形茂密，枝杈粗糙坚硬，叶片椭圆厚重，呈深绿色，枝条可伸展至30多厘米。自然开花期在2至8月，单株花期可持续3至5个月。现在，很多地区的种植者已能够让植株终年开花。在种植过程中，植株会从大到小出现许多层次，植株能长多少层，取决于入盆的时间及盆径大小。

　　宝莲灯花株形优美，灰绿色叶片宽大粗犷，粉红色花序下垂，是野牡丹科花卉中属最豪华美丽的一种。盆栽宝莲灯花最适合在宾馆、厅堂、商场橱窗、别墅客室中摆设。

养护要点

①介质　喜肥沃、疏松的腐叶土或泥炭土。种植的介质，需要用以粗草炭为主的混合介质。pH值必须控制在3.5~4之间。

②浇水　浇水不需太多，半个月一次就足够了。

③温湿度　白天温度保持在21℃，夜间为19℃，湿度要始终保持在80%左右。

④施肥　植株春季多氮（N），夏季多钾（K），每周加一次肥。生长季节氮磷钾的比例要均衡。

⑤日照　宝莲灯适合在充足而柔和的阳光下生长，在光线不足的条件下虽然也能生长，但开花稀少，甚至不开花。而强烈的直射阳光又会使叶色变黄，叶片卷曲、灼伤。因此，可将植株放在光线明亮又无直射阳光处养护。

⑥病虫害　有时发生叶斑病和茎腐病，用70%甲基托布津可湿性粉剂1000倍液喷洒。虫害有粉虱和介壳虫危害，可用50%敌敌畏乳油1000倍液喷杀。

换盆要点

每年春天要换盆。

繁殖要点

扦插繁殖，在初夏6~7月或秋季9~10月进行，选取半木质化嫩枝15~18厘米长，插于泥炭苔藓中，20~25天后愈合生根，当年可移栽上盆。

Tips 专业小提示 "美梦之花"的由来

宝莲灯花芳容奇特，整个花身有半米多高，叶片宽大，树冠典雅。粉色的花蕾，粒粒浑圆，就像装点宫廷的宫灯，所以，也有人称它为"美梦之花"。

玫瑰海棠 Rieger begonia

学名：Begonia x aelatior
科别：秋海棠科秋海棠属
别名：丽格秋海棠、玫瑰海棠
种植难易指数：★★
花期：冬季
花语：和蔼可亲

玫瑰海棠属多年生草本花卉，玫瑰海棠株高25~35厘米，茎肉质、多汁，单叶互生、心形，叶色多为绿色。花型大多重瓣，也有单瓣、半重瓣等。玫瑰海棠是近年从国外引进的新潮花卉。因其营养生长期短，花期特长，尤其能在国庆、元旦、春节期间开放，很受人们喜爱。它体态丰润，花叶并美，最适于盆栽，可修剪成大小和形态各异的多种姿态，用作点缀厅堂廊架或布置庭院花坛，均极相宜。

①介质 适宜生长在疏松、肥沃、排水良好、pH值在6~7之间的土壤中。

②浇水 平时浇水要根据气候条件而定。夏天蒸发快，需水量相对较多，浇水宜在早晨或傍晚，浇水次数视盆土湿润程度而定；冬季浇水尽量选择在晴天中午，水温应与室内气温相近，以免因水温太低而造成根部受刺激而死。

③温湿度 喜欢温暖、湿润和半阴环境。生长适温20℃~25℃，不耐高温，超过30℃生长不良，低于10℃生长受阻。开花期喜冷凉湿润气候，在15℃~20℃的气温下花朵开放时间增长。

④施肥 每半月施肥一次，肥料可用多元素复合肥，浓度宜稀不宜浓；忌偏施氮肥，氮肥过多易出现叶片卷曲，影响花形。花芽形成前增施磷钾肥，可用0.3%磷酸二氢钾溶液浇根或喷施，7天1次，连用2次，促使花蕾发育。

⑤日照 它属于短日照植物，对光照反应敏感，宜于在弱光和散射光下生长。

⑥病虫害 主要害虫有蚜虫、红蜘蛛和卷叶蛾幼虫，为害新芽、花蕾和叶片等，可选用蚜虱净10%可湿性粉剂3000倍液或阿维菌素纯生物杀虫剂4000倍液喷洒防治。

常见的病害有斑点病、茎腐病和根腐病等，养护时应控制浇水，加强棚内空气流通，并定期用25%多菌灵可湿性粉剂500倍液喷洒防治。

当幼苗高约10厘米时，就要在第四、五个节位处进行摘心，以促其萌发侧枝。如果侧枝过分生长，则再加以摘心，以便变成一个半球形株形。对衰老枝、病虫枝，特别是过密枝，应及时修剪，减少养分消耗，增加透光度，减轻病虫害发生，促使花蕾形成。

繁殖要点

扦插方法。秋末冬初，在对植株修剪定型时，可将剪下的新生枝条作插穗。玫瑰海棠可以枝插，也可以叶插。枝插时，枝条长短要适度，用刀片将枝条下部切成马蹄形；叶插时，要选用生长旺盛、六分成熟的叶子，将叶柄下端用刀片斜切。扦插基质为蛭石粉或素沙，已污染的基质要消毒再用。

将插穗插入后要浇透水，但叶面上不可积水。而且用塑料膜将其罩上，放于散射光处，适当通风，避免高温。约3周插条就可发根。当见有新叶长出时，说明已发根。用枝插法获得的植株没有地下块茎。插叶经过3周后叶柄下部也可长出须根，但需再经一个半月才能从叶柄下部长出不定芽，并逐渐出土。

Tips 专业小提示 "玫瑰海棠"名称的由来

其株形与花色极像球茎秋海棠而又无明显球茎，其花色有紫红、大红、粉红、黄、白等，与秋海棠相比，更为艳丽多彩，因具有玫瑰般的姿、色、香，因而称为"玫瑰海棠"。

欧洲报春花 Primrose

学名：Primula acaulis hybrid
科别：报春花科
别名：欧洲樱草、德国报春、西洋樱草
种植难易指数：★★

花期：冬季
花语：青春
播种期：6至7月

欧洲报春花为丛生植株，株高约20厘米。叶基生，叶长10~15厘米，长椭圆形，叶脉深凹。叶绿色。伞状花序，花色艳丽丰富，有大红、粉红、紫色、蓝色、黄、橙、白等色，一般花心为黄色。

春天，正是报春花绽放的季节，其种类繁多，株形不大，花色丰富而艳丽，适合用小盆栽种，陈设于室内的阳台、窗台、桌案等处，鲜花绿叶相得益彰，也可不同花色的植株合栽于一盆。

养护要点

①介质 要求土壤肥沃，排水良好、pH为5.5~6.5的微酸性土壤。

②浇水 报春花喜湿润环境，但不宜浇水过多，盆土过湿会沤烂根部。夏季如浇水不当，会使幼苗植株死亡，所以夏季应注意掌握浇水量和浇水次数。一般每天早、晚应各浇一次水，中午前后天气特别干热时，要向植株及盆周围地面喷水，以增加空气湿度和降低气温，创造凉爽湿润的气候环境。

③温湿度 生长最适温度为15℃~25℃，冬天10℃左右即能越冬。空气湿度50%左右较适宜。

④施肥 入秋后天气逐渐凉爽，报春花也逐渐进入旺盛生长期，这时应加强肥水管理，每7~10天追施一次腐熟的稀薄饼肥液。前期应适当多施氮肥，以促使枝叶肥壮；后期应适当增加磷肥的成分，同时每半个月向叶面增喷0.3%磷酸二氢钾水溶液，以促使其多孕蕾开花，直至现蕾。

⑤**日照** 报春花性喜光，但忌强烈阳光照晒，夏季幼苗期应把盆株放于阴凉通风多见散射光处。从9月份起，可使盆株多接受些散射光照，从10月起，可将盆株置于全光照下，使其多接受晚秋光照，促其生长和花芽分化。

⑥**病虫害** 报春花常见病害有叶斑病、茎腐病。前者可喷洒50%代森锌2000倍液防治，10天一次；后者每月喷洒80%可湿性代森锌500倍液，并及时拔掉病株。若受红蜘蛛危害，可喷40%三氯杀螨醇1200倍液防治，同时要注意通风。

修剪要点

摘花箭 报春花一般宜于10月中下旬移入室内温暖常见光处，这时温度适宜，小苗生长迅速，当植株长至10片叶时，就有花箭抽出，可着生十余朵花，需耗植株大量养分。为使植株多分蘖、多孕蕾开花，可在见第一枝花箭时即刻摘除，以利多分蘖，扩大株棵，这样到春节前后，每盆可生5个以上花箭，花开满盆，聚伞形花序群居绿叶之上，艳丽多彩，十分耐赏。

繁殖要点

播种繁殖，因种子细小，播种宜用颗粒较细的沙土，播后覆土要薄，不露出种子即可。浇水采取"洇灌"的方法，使水从盆底慢慢洇湿土壤，并在盆面盖上玻璃片，以保温保湿，在15℃~20℃的条件下，1周至2周可出苗。出苗后移到光照稍强处养护，幼苗长出真叶时进行第一次分苗，5~6片真叶时移入单独的小盆中，以后随着植株的生长逐步换成较大的花盆。

Tips 专业小提示 报春花种子如何储藏

报春花种子特别小，采下应及时晒干，并经脱粒后保存于塑料袋或密封的玻璃瓶中，置于阴暗干燥处。

桔梗 Balloon-flower

学名：Platycodon grandiflorus	花期：春至秋季
科别：桔梗科，桔梗属	播种期：秋至冬季
别名：六角花、三角桔梗	花语：（天秤座星座花）
种植难易指数：★★★	永恒不变的爱，无望的爱

　　桔梗属宿根性草本植物，一般多作一年生草花使用。开花期为春至秋季，播种期在秋至冬季。常见的桔梗皆为矮性品种，高度从15～30厘米皆有。另外还有高性品种桔梗，高40～90厘米。其花色清爽，蓝紫色或蓝白色，其花形可分成重瓣和单瓣两种，单瓣的花裂为五裂，每个瓣都成三角形，故又名"三角桔梗"。

养护要点

① 介质　适宜在土层深厚、排水良好、土质疏松而含腐殖质的沙质壤土中栽培。

② 浇水　忌积水，耐干旱，需保持良好排水及适中的湿度。但太过于炎热的地区，要注意

水分适量供给。

③ **温湿度** 性耐寒，喜凉爽湿润，生长适温为20℃~28℃。

④ **施肥** 平时不需施肥，在生长期或结果的时候，施上一些复合肥即可。

⑤ **日照** 全日照至半日照。喜光，稍耐阴，应置于阳光充足的地方。

⑥ **病虫害** 根腐病危害，可用10%抗菌剂401醋酸溶液1000倍液喷洒；白粉病危害，发病初用波美0.3度石硫合剂或白粉净500倍液喷施或用20%的粉锈宁粉1800倍液喷洒。

蚜虫危害，用2.5%鱼藤精乳油1000倍液喷杀。

繁殖要点

用种子繁殖。多采用直播法。选择二年生籽粒饱满、颜色深的成熟种子，将其置于50℃~60℃温水中搅拌，剔除泥土、瘪子及杂质，浸泡12小时，或用0.3%高锰酸钾溶液浸泡12小时。以秋播为好，在温度18℃~25℃、湿度足够的情况下，播后10~15天出苗。

Part 3
家居常见观叶盆栽植物38种
Common Blossom Potted Plants

观叶植物是目前世界上最流行的观赏门类之一，主要以赏叶为主，同时也兼赏茎、花、果。由于受亚热带、热带原产地气象条件及生态遗传性的影响，在系统生长发育过程中，室内观叶植物形成了基本的生态习性，即要求较高的温度、湿度，不耐强光。但由于室内观叶植物种类繁多，品种极其丰富，且形态各异，所以，它们对环境条件的要求有所不同。

观果植物则以其奇特的果形、艳丽的果色、多样的果序，格外诱人，颇具观赏价值。

本章细致讲解了数十种不同种类的观叶、观果植物的特征及其生长习性，让你的盆栽在你的精心呵护下健康茁壮地成长！

文竹 Asparagus fern

学名：Asparagus setaceus
科别：百合科，天门冬属
别名：云片松、刺天冬、云竹

种植难易指数：★★
观赏期：全年
花语：永恒，朋友纯洁的心，永远不变

文竹原产于南非，为多年生常绿藤本观叶植物，是著名的室内观叶植物。文竹意为"文雅之竹"，虽然名为竹，其实不是竹，只因其叶片轻柔，常年翠绿，枝干有节似竹，且姿态文雅潇洒，故名。

文竹的叶状枝纤细秀丽，密生如羽毛状，翠云层层，株形优雅，独具风韵，深受人们的喜爱。其最佳观赏树龄是第1～3年，此期间的植株枝叶繁茂，姿态完好。但只生长数月的小植株，数片错落生长的枝叶也可组成一组十分理想的构图，形态也非常优美。

一般冬季价格比夏秋季价格高20%以上，所以应尽量选择夏季购买，且应选择造型优美的植株。

①**介质** 适生于排水良好、富含腐殖质的沙质壤土。

②**浇水** 平时要掌握浇水量，以"不干不浇、浇则即透"为原则，经常保持盆土湿润。浇水过多，容易引起根部腐烂，叶黄脱落；浇水过少，盆土太干，则容易导致叶尖发黄，叶片脱落。

炎热天气除给盆土浇水外，还需经常向叶面喷水，以提高空气湿度；入冬后适当减少浇水量。

③**温湿度** 性喜温暖湿润，不耐严寒，生长适温为15℃～25℃，越冬温度为5℃。

④**施肥** 生长期，每月施稀薄液肥1～2次，不能施浓肥，否则会引起枝叶发黄。当植株定型后减少施肥量，以免引起徒长而影响株形美观。

⑤**日照** 适合在半阴、通风的环境下生长，要注意适当遮阴，尤其夏、秋季要避免烈日直射，以免引起叶片枯黄。在室内栽培要置于有一定漫射光的地方。

⑥**病虫害** 室内文竹管理粗放时，很容易遭受虫害。危害较为严重的为红蜘蛛，一旦发现，应及时人工或者化学除虫，并且修剪受害严重的枝叶。

修剪要点

平时要记得给文竹剪枝,随时剔去衰老病残茎枝。

繁殖要点

丛生性强,4~5年生的植株便能不断从根际处萌发出根蘖苗,使株丛不断扩大。春季可结合换盆,将盆株分成几丛分别栽植上盆,即可获得新的植株。

换盆要点

每年应换盆一次,花盆也要逐年加大。如不换大盆,可翻盆以后将小块根剔去一部分,更换新土,原盆栽植。

吊兰 Broadleaf bracket-plant

学名：Chlorophytum	种植难易指数：★★
科别：百合科，吊兰属	观赏期：全年
别名：垂盆草、桂兰、钩兰、折鹤兰，西欧又叫蜘蛛草或飞机草	播种期：春季
	花语：无奈而又给人希望

　　吊兰原产于南非，属多年生常绿草本植物。根肉质，叶细长、簇生，似花朵，叶色秀丽，淡雅清新，四季常绿，特别适合置于架上或吊盆欣赏。从叶腋中抽生出的葡匐茎，长可尺许，既刚且柔。茎顶端簇生的叶片，由盆沿向外下垂，随风飘动，形似展翅跳跃的仙鹤，故有"折鹤兰"之称。花期在春夏间，室内冬季也可开花。

　　吊兰是最常见的著名观叶植物，被誉之为"空中花卉"，又叫"空气净化剂"，放一盆吊兰在15～20平方米的房间，24小时之内，空气中由吸烟及建材散发出的有毒气体即可吸收殆尽。

养护要点

　　①**介质**　喜排水、透气性好的沙壤土，如中等大的花盆种2～3株为宜。株数过多，水分需要也多；如盆小土壤含水量供应不足，易导致叶片枯萎。盆栽常用腐叶土或泥炭土、园土和河沙等量混合并加少量基肥作为基质。

　　②**浇水**　适应性强，喜湿润，其肉质根贮水组织发达，抗旱力较强，但3～9月生长旺期需水量较大，要经常浇水及向叶面喷雾，以增加湿度；秋后逐渐减少浇水量，以提高植株抗寒能力。一般来说，夏天每天早晚应各浇水一次，春秋季每天浇水一次，冬季禁忌湿润，可每隔4～5天浇水一次，浇水量也不宜过多。

　　③**温湿度**　性喜温暖环境，应置于阴凉通风处，并注意保持环境湿度。生长适温为20℃～24℃，此时生长最快，也易抽生葡匐茎。30℃以上停止生长，叶片常常发黄干尖。冬季室温保持12℃以上，可正常生长；若温度过低，则生长迟缓或休眠；低于5℃，易发生寒害。

　　④**施肥**　生长季节每两周施一次液体肥。花叶品种应少施氮肥，否则叶片上的白色或黄色斑纹会变得不明显。环境温度低于4℃时应停止施肥。施肥时要把叶片撩起，避免玷污，否则容易伤害嫩叶和叶尖。

　　⑤**日照**　喜半阴环境，可常年在明亮的室内栽培，但应避免强烈阳光的直射，需遮去50%～70%的阳光。但室外栽培的吊兰，夏日在强烈直射阳光下也能生长良好。

　　⑥**病虫害**　病虫害较少，主要有生理性病害，叶先端发黄，应加强肥水管理。如盆土积水且通风不良，除会导致烂根外，也可能会发生根腐病，应注意喷药防治。

　　应经常检查，及时抹除叶上的介壳虫、粉虱等。

繁殖要点

可采用扦插、分株、播种等方法进行繁殖。扦插和分株繁殖从春季到秋季可随时进行。

①扦插繁殖播种繁殖 扦插时，只要取长有新芽的匍匐茎5~10厘米插入土中，约一周即可生根，20天左右可移栽上盆，浇透水放阴凉处养护。

②分株繁殖 分株时，可将植株从盆内托出，除去陈土和朽根，将老根切开，使分割开的植株上均留有三个茎，然后分别移栽培养。也可剪取吊兰匍匐茎上的簇生茎叶（实际上就是一棵新植株幼体，上有叶，下有气根），直接栽入花盆内培植即可。

换盆要点

吊兰根系发达，长到一定阶段，花盆太小，不能满足吊兰生长的需要。因此，每一年都需要给吊兰换一次盆，换过盆的吊兰半年左右不需施肥。

换盆步骤：

①用手将花盆盆身四周捏松，让土壤和根系与盆壁分离，将整株拿出。
②将土打松，剪去多余的老根，并将四周的土壤捏松，放在一边。
③将肥料放进新土里，并拌熟拌匀。
④将混有肥料的土壤装进大的花器，约装整个花器的三分之一的时候放入植株。并在周围装入新土，将花器加满。
⑤完成。

万年青 Chinese evergreen

学名：Rohdea japonica 种植难易指数：★★
科别：百合科，万年青属 观赏期：全年
别名：开喉剑、九节莲、冬不凋、铁扁担 花语：健康，长寿

万年青原产于中国南方和日本，为多年生常绿草本植物，是很受欢迎的优良观赏植物，在中国有悠久的栽培历史。常见变种有金边万年青、银边万年青。其他还有大叶、细叶、矮生及具有黄白色斑纹等变种，日本及中国台湾地区较多。

万年青适宜点缀客厅、书房。幼株小盆栽，可置于案头、窗台观赏；中型盆栽可放在客厅墙角、沙发边作为装饰，令室内充满自然生机。它以独特的空气净化能力著称，可以去除尼古丁、甲醛。空气中污染物的浓度越高，越能发挥其净化能力。

养护要点

①介质 一般园土均可栽培，但以富含腐殖质、疏松透水性好的微酸性沙质壤土最好。土壤的pH值在6~6.5之间，比较有利于充分发挥养分的有效性，适于植株开花结果。

②浇水 万年青为肉根系，最怕积水受涝，因此，不能多浇水，否则易引起烂根。盆土平时浇适量水即可，要做到盆土不干不浇，宁可偏干，也不宜过湿。除夏季需保持盆土湿润外，春、秋季节浇水不宜过勤。冬季一般每周浇1~2次水为宜，以保持空气湿润和盆土略潮润。应注意防范大雨浇淋，尤其是开花期不能淋雨，要放置在阴暗通风不受雨淋的地方。

必须保持空气湿润，如空气干燥，也易发生叶子干尖等不良现象。夏季每天早、晚应向花盆四周地面洒水，以造成湿润的小气候。此外，每周需用温水喷洗叶片一次，防止叶片受烟尘污染，以保持茎叶色调鲜绿，四季青翠。

③温湿度 喜温暖湿润、通风良好的环境，稍耐寒。生长适温15℃~18℃。冬季，万年青需移入室内过冬，放在阳光充足、通风良好的地方，温度保持在6℃~18℃，如室温过高，易引起叶片徒长，消耗大量养分，以致翌年生长衰弱，影响正常的开花结果。

④施肥 生长期间，每隔20天左右施一次腐熟的液肥。初夏生长较旺盛，可10天左右追施一次液肥，追肥中可加兑少量0.5%硫酸铵，能促其生长更好，叶色浓绿光亮。在开花旺盛的6~7月，每隔15天左右施一次0.2%的磷酸二氢水溶液，促进花芽分化，以利于更好地开花结果。冬季停止施肥。

⑤日照 性喜半阴，忌阳光直射。早春出室后，宜放在遮阴的棚架或屋檐下或阳台荫

处。夏季生长旺盛，需放置在庇荫处，以免强光照射，否则，易造成叶片干尖焦边，影响观赏效果。

⑥病虫害 万年青生长期间易受叶斑病、炭疽病、介壳虫、褐软蚧等危害。

修剪要点

为保持植株的良好造型，提高观赏价值，随着植株的生长，株下部的黄叶、残叶、部分老叶要及时修剪。

繁殖要点

播种、分株繁殖均可。

①播种繁殖 分播一般在3~4月间进行。播于盛好培养土的花盆中，浇水后暂放遮荫处，保持湿润，在25℃~30℃的条件下，约25天即可发芽。

②分株繁殖 万年青地下茎萌芽力强，可于春、秋用利刀将根茎处新萌芽连带部分侧根切下，伤口涂以草木灰，栽入盆中，略浇水，放置阴处，1~2天后浇透水即可。也可将整个植株从盆中倒出，视植株大小，分割为几部分，待伤口晾干一天或涂以草木灰，上盆即可。

换盆要点

每年3~4月或10~11月换盆一次。换盆时，要剔除衰老根茎和宿存枯叶，用加肥的酸性栽培土栽植。上盆后要放在遮荫处几天。

巴西铁 Brazil

学名：Dracaena fragrans
科别：百合科，龙血树属
别名：龙血树、香龙血树、中斑龙血树、巴西木、巴西铁树、巴西千年木
种植难易指数：★★
观赏期：全年
花语：坚贞不屈，坚定不移，长寿富贵，吉祥如意

巴西铁原产于美洲巴西，真名为"水木"。为常绿灌木，在原产地可高达5~6米，盆栽欣赏一般以1米左右的为多。

巴西铁是颇为流行的室内大型盆栽花木，株形整齐，茎干挺拔，尤其适合摆放在较宽阔的客厅、书房、起居室内，格调高雅、质朴，并带有南国情调。高低错落种植，枝叶层次分明，能给人"步步高升"的寓意。

养护要点

①**介质** 盆栽时喜腐叶土或泥炭土，也可用水苔代替泥土，或用水（营养液）栽培。

②**浇水** 生长期（春至秋季），晴天每天浇水1次，并向叶面喷水1~2次。秋末后宜控制浇水量，保持盆土微湿即可。冬季则应保持盆土半干半湿。

③**温湿度** 生长适温为21℃~31℃，休眠温度为13℃，越冬温度为5℃，室内越冬。

④**施肥** 处生长期时每隔15~20天施1次液肥，或施1~2次复合肥，以保证枝叶生长茂盛。施肥宜施稀薄肥，忌浓肥。多年老株每7天施一次，9月以后停止施肥。冬季停止施肥。

⑤**日照** 对光线的适应性强，在阴暗的室内可连续摆设供赏一个多月；在光线明亮的室内可长期摆设供观赏。但过于荫蔽会使叶色暗淡，降低观赏价值。

⑥**病虫害** 茎干常有天牛等害虫蛀心或咬蚀皮层，造成植株腐心和脱皮致死，一旦发现可用50%敌敌畏800~1000倍液灌注或喷杀。

繁殖要点

分茎繁殖 繁殖期在4~9月，可取用植株的成熟茎剪切成段，下部埋于珍珠岩、蛭石、煤渣基质中，很易生根成活。

换盆要点

为了使叶芽生长旺盛，每年春季换盆、换土1次。换盆时，应将旧土换掉1/3，再换入新泥沙土，修整叶茎、茎干下部老化枯焦的叶片。

马尾铁 Dragon Tree

学名：Dracaena fragrans
别名：细叶龙血树，细叶千年木
观赏期：全年

科别：百合科，龙血树属
种植难易指数：★★

马尾铁原产于南非洲，为常绿灌木，因其叶片像马尾而得名。株高可达1.3~1.4米，有时分歧，茎干直立。叶宽线形，簇生，下垂成球状，长30~40厘米，宽5~10厘米，叶色全绿。以观叶为主，适合庭园观赏，也常作盆栽观赏。

养护要点

①**介质** 以肥沃之壤土或腐植质土为佳，排水需良好。

②**浇水** 浇水原则为"宁湿勿干"。因马尾铁生长需要80%以上的高湿度，湿度不足容易导致叶尖干枯，浇水时最好用水雾喷叶，可提高湿度，从而杜绝枯尖叶片的产生。冬季减少浇水，最好让其休眠，以便来年长势更好。

③**温湿度** 性喜高温多湿，冬季应温暖避风，生育适温20℃~35℃，13℃以下需防寒害，以免叶面枯干。10℃以下极易产生寒害或被冻死。

④**施肥** 施肥每1~2个月1次，用稀释的液肥或固态复合肥均可。水肥在生长旺盛期内要求充足。

⑤**日照** 耐阴，日照约50%~60%为宜，忌强烈日光直射。放于室内阳光较好处，避免夏季强光直射。过强或过暗的光线，会使叶片失去色彩，变为绿色，太阴暗的环境会使茎下部叶片脱落。

修剪要点

平时为了避免造成主干下部光秃可以采取截顶的方式。

富贵竹 Spiral bamboo

学名：Dracaena sanderiana
科别：龙舌兰科（百合科），龙血树属
别名：万寿竹、开运竹、距花万寿竹、富贵塔、竹塔、塔竹

种植难易指数：★★
观赏期：全年
花语：花开富贵，竹报平安，大吉大利，富贵一生

富贵竹原产于加利群岛及非洲和亚洲热带地区，属多年生常绿草本。株高可达1.5~2.5米高以上，其茎叶形态酷似翠竹，如作观赏，栽培高度为0.8~1米。常见品种有绿叶、绿叶白边（称银边富贵竹）、绿叶黄边（称金边富贵竹）、绿叶银心（称银心）。

富贵竹粗生粗长，茎杆挺拔纤秀，叶色浓绿，冬夏长青，光亮照人，亭亭玉立，姿容秀雅，不论盆栽或剪取茎干瓶插或加工"开运竹"、"弯竹"，均显得疏挺高洁，富有竹韵，观赏价值极高。

选购要点

选购时，应选芽苞整齐、造型美观的作品。

栽培要点

可水培。选择植株健壮、直立、无病虫危害、带叶无破残的枝条，将枝条基部削成平滑的斜口，以扩大枝条的吸水面积，把将要泡入水中的叶片剪去，插入盛有洁净水的花瓶中。每2~3天换一次洁净清水，可放入几块小木炭防腐，10天内不要移动位置和改变方向，约15天左右即可长出银白色须根。生根后不宜换水，水分蒸发后只能及时加水。常换水易造成叶黄枝萎。加的水最好是用井

水，用自来水要先用器皿贮存一天，水要保持清洁、新鲜，不能用脏水、硬水或混有油质的水，否则容易烂根。

养护要点

①介质 适宜生长于排水良好的沙质土或半泥沙及冲积层土中。盆口土可用腐叶土、菜园土和河沙等混合种植，也可用椰糠和腐叶土、煤渣灰加少量鸡粪、花生麸、复合肥混合作培养土。

②浇水 喜阴湿，生长季节应常保持盆土湿润，切勿让盆土干燥，盛夏季节要常向叶面喷水，过于干燥会使叶尖、叶片干枯。冬季盆土不宜太湿，但要经常向叶面喷水，并注意做好防寒防冻措施，以免叶片泛黄萎缩而脱落。

③温湿度 喜阴湿高温，适宜生长温度为20℃~28℃。夏秋季高温多湿季节，是其生长最佳时期。温度在10℃以下叶片会泛黄萎落，可耐2℃~3℃低温，但冬季要防霜冻。

④施肥 生根后及时施入少量复合化肥，则叶片油绿，枝干粗壮。如果长期不给富贵竹施肥，植株生长瘦弱，叶色易发黄。但施肥不能过多，以免造成"烧根"或引起徒长。春秋两季每月施1次复合化肥即可。

水培富贵竹为防止徒长，不要施化肥，最好每隔3周左右向瓶内注入几滴白兰地酒，加少量营养液；也可用500克水溶解碾成粉末的阿司匹林半片或维生素C一片，加水时滴入几滴，即能使叶片保持翠绿（长出根后就不用）。

⑤日照 对光照要求不高，喜半阴的环境，适宜在明亮散射光下生长，光照过强、暴晒会引起叶片变黄、褪绿、生长慢等现象，降低观赏价值。11月至翌年3月要在室内养护，放南窗前可见阳光处，温度保持在10℃以上可缓慢生长。

⑥病虫害 常有蜘蛛、天牛、介壳虫等害虫蛀心或咬皮、咬叶心、咬叶尖为害并传播炭疽病。

叶片上出现炭疽病、叶斑病时，可用75%百菌清800倍、70%甲基托布津、50%加瑞农可湿粉600~800倍液，或50%炭疽福美可湿粉500倍液喷施防治，每5~7天一次，连续3~4次，防治效果较好。

繁殖要点

扦插繁殖 只要气温适宜整年都可进行。将截下的茎干剪成5~10厘米不带叶的茎节，或剪取基部分生的带茎尖的分枝，插于洁净的粗河沙中，浇透水，用塑料袋罩住，保持基质湿润，置室内明亮处，25天左右可生根。或将剪下的分枝插入水中，25℃时半月左右可生根。

虎尾兰  Snake plant

学名：Sansevieria trifasciata

科别：龙舌兰科，虎尾兰属

别名：虎皮兰、锦兰、千岁兰、虎尾掌

种植难易指数：★★

观赏期：全年

花期：冬季

花语：刚毅、坚忍不拔

虎尾兰原产于干旱的非洲及亚洲南部。主要为观叶植物，叶片簇生，直立生长，颜色为暗绿色，两面有浅绿色和深绿色相间的横向斑纹。花为白色或淡绿色，有甜美淡雅的香味，花期在11～12月。能适应各种恶劣的环境，为高级的室内栽培植物。

虎尾兰堪称是居室的治污能手，一盆虎尾兰可吸收10平方米左右房间内80%以上的有害气体，两盆虎尾兰可使一般居室内的空气完全净化。它还是最抗辐射、生命力最强的植物。此外，虎尾兰有吸湿的功效，卫生间湿气大时，可以摆放一盆。

选购要点

应选择叶片厚实、没有损坏的，叶丛要紧密，色泽要鲜明。

养护要点

①**介质** 对土壤要求不严，以排水性较好的沙质壤土较好。

②**浇水** 能耐恶劣环境和久旱条件。浇水太勤，叶片变白，斑纹色泽也变淡。由春至秋生长旺盛，应充分浇水。冬季休眠期要控制浇水，保持土壤干燥。用塑料盆或其他排水性差的装饰性花盆时，要切忌积水，以免造成腐烂而使叶片以下折倒。浇水要避免浇入叶簇内。

③**温湿度** 适应性强，性喜温暖湿润。生长适温为18℃～27℃，低于13℃即停止生长。冬季温度也不能长时间低于10℃，否则植株基部会发生腐烂，造成整株死亡。

④**施肥** 施肥不应过量。生长盛期，每月可施1~2次肥，施肥量要少。长期只施氮肥，叶片上的斑纹就会变暗淡，故一般使用复合肥。也可在盆边土壤内均匀地埋3穴熟黄豆，每穴7~10粒，注意不要与根接触。从11月至次年3月停止施肥。

⑤**日照** 一般放于阴处或半阴处，较喜阳光，但光线太强时，叶色会变暗、发白。

⑥**病虫害** 在通风不良或是气温过高的波动情况下，易发生叶斑病。病斑油渍状软腐呈黄褐色，中间灰白色。发病初期可喷50%多菌灵或甲基托布津800倍液。

①**扦插繁殖** 多采用扦插繁殖，可在5~8月进行，将成熟的叶片自基部剪下，按6~10厘米一段截开，插入素沙土中，入土深度3厘米左右，插后放在阴暗处。注意不要倒插，保持一定的湿度，但也不宜过湿，以免腐烂，温度保持在18℃~25℃。一个月左右可从切口部长出不定芽和不定根，长成新的植株。

②**分株繁殖** 也有分株繁殖法。尤其金边虎尾兰用扦插法成活后，金边常易消失，故多采用分株法繁殖。

分株时，由于地下横生匍匐茎常露出土壤表面，所以分株时不必脱盆，直接把根茎切开，提出后上盆栽种，没有须根也能成活。当叶簇挤满全盆后，可进行脱盆，抖掉所有泥土，以一个叶簇为单位剪断根茎，分开上盆栽种，一年后可萌发出4~5个新叶簇。

一般两年换一次盆，春季进行，可在换盆时使用标准的堆肥。

酒瓶兰 Bottle palm

学名：Nolina recurvata
科别：龙舌兰科，酒瓶兰属
别名：九品兰、象腿树
种植难易指数：★★
观赏期：全年

  酒瓶兰原产于墨西哥干热地区，为常绿小乔木，在原产地可高达10米，盆栽种植的一般0.5～1米。其茎基部膨大状如酒瓶；茎干苍劲，具有厚木栓层的树皮，且龟裂成小方块，呈灰白色或褐色，形成其独特的观赏性状。叶着生于茎干顶端，细长线状，革质而下垂似伞形，婆娑而优雅，是热带观叶植物的优良品种。花白色。

  精美盆钵种植的小型酒瓶兰植株，可以置于案头、台面，显得优雅清秀；中大型盆栽种植的大型植株，用来布置厅堂、会议室、会客室等处，极富热带情趣，颇耐欣赏。

选购要点

选购时应注意：要选大头（即基部膨大）。

养护要点

①介质 喜疏松的沙土和腐殖土，耐干旱和瘠薄。盆土要选排水性好的，可用3份肥沃园土与1份煤渣混合，再加少量豆饼或鸡粪作基肥。

②浇水 较耐旱，浇水不宜过多，掌握"宁干勿湿"的原则，避免盆土积水，否则肉质根及茎部容易腐烂。春、秋季需见干见湿，夏季保持湿润，冬季应减少浇水量，见土干时再浇水，以提高树体抗寒力。

③温湿度 性喜温暖湿润，生长适温为18℃～27℃，低于13℃即停止生长。冬季温度不能长时间低于10℃，否则植株基部会发生腐烂，造成整株死亡。北方需在霜降前入室，置于温暖向阳处。

④施肥 在小植株生长过程中应加强肥水管理，勤施薄施液肥，并增施钾肥，以利茎部膨大充实。生长季节，室外莳养每半个月施一次稀薄液肥；室内莳养宜施颗粒肥料，以免污染空气。

⑤日照 喜阳光，一年四季均可直射，若光线不足叶片生长细弱，植株生长不健壮。但夏季要适当遮阴，否则叶尖枯焦、叶色发黄。

⑥病虫害 夏季强光照射引起灼伤；冬季低温造成冻害。可通过环境管理手段加以防治。

  出现细菌性软腐，可在病发病初期喷施农用链霉素1000倍液，或浇65%敌克松800倍。

  出现叶斑病，可在发病时喷施75%百菌清600倍或50%多菌灵500倍液。每隔7至10天喷1次，连续2至3次。

发现矢尖蚧，可在若虫盛孵期及时喷施40%氧化乐果或50%杀螟松1000倍液。

在气候干燥、通风不良时，酒瓶兰易发生介壳虫，如发现介壳虫，应喷药防治。

繁殖要点

常于春末秋初，用当年生的枝条进行嫩枝扦插，或于早春用去年生的枝条进行老枝扦插。

换盆要点

每年春季或秋后换盆换土，保持盆土通透性。无论上盆或换盆，宜将基部膨大部位露出土外，以供观赏。

常春藤 Ivy

学名：Hedera helix

别名：长春藤、土鼓藤、钻天风、三角风、散骨风、枫荷梨藤、木莴、百角蜈蚣

科别：五加科，常春藤属

种植难易指数：★★

观赏期：全年

花语：结合的爱，忠实，友谊，情感

常春藤原产于欧洲、亚洲和北非，为常绿木质藤本植物，是世界著名的新一代大型室内盆栽观叶植物。

常春藤株形优美、规整，最美丽之处在于它长长的枝叶。室内绿化装饰时，可放在高脚花架、书柜顶部作悬垂装饰，自然洒脱；也可小盆放在茶几、书桌上，显得清秀典雅；还可作为柱状攀援栽植，富有立体感。尤其适合在较宽阔的客厅、书房、起居室内摆放。其叶有香气，可以净化室内空气、吸收由家具及装修散发出的苯、甲醛等有害气体，还能有效抵制尼古丁中的致癌物质，可以为人体健康带来极大的好处。

栽培要点

栽培管理简单，但需栽植在土壤湿润、空气流通之处。移植可在初秋或晚春进行、定植后需加以修剪，促进分枝。盆栽一般每盆种3～5株，可绑扎各种支架，牵引整形。夏季在阴棚下养护，冬季放入温室越冬，室内要保持空气的湿度，不可过于干燥，但盆土不宜过湿。在植株生长过程中，应注意修剪，以促使多分枝，使株形丰满。

养护要点

①**介质** 对土壤要求不严，一般多用肥沃的疏松土壤作盆栽基质，如园土和腐叶土等量混合，可用腐叶土、泥炭土和细沙土加少量基肥配制而成，也可单独用水苔栽培。

②**浇水** 对水分要求不严，不宜过度浇水，一次性浇透即可。浇水的时候，不能浇在叶片上，浇水过多也容易发生烂根。

③**温湿度** 夏季酷暑必须放置于阴凉通风的地方。

④**施肥** 苗期宜加强水肥管理，以加快生长。一般生长期特别春秋两季应适当施肥，每月施液肥1～2次，同时注意肥料中氮磷钾含量比例应为1∶1∶1，氮素比例不可过高，否则花叶变绿。

⑤**日照** 性喜温暖、荫蔽的环境，平时应放置于漫射光照下，才能使叶色浓绿而有光泽，

特别是斑叶品种，在遮光的环境中，叶色更美。

⑥**病虫害** 病害主要有藻叶斑病、炭疽病、细菌叶腐病、叶斑病、根腐病、疫病等。

在春季常发生蚜虫，在高温干燥、通风不良条件下也容易发生红蜘蛛、介壳虫为害，应及早喷药防治。

繁殖要点

除冬季严寒与夏季酷暑外，只要温度适宜随时可以扦插。多选用年幼枝条，老枝虽然也可扦插，但发根较差。一般剪取长约10厘米的1~2年生枝条作插条，可直接插于具有疏松培养土的盆中。扦插后置于较高空气湿度和稍阴的环境中，保持基质潮湿。在温度15℃~20℃左右时，约经两周左右可生根。母株的走茎发根后也可剪下种植。有时将母株走茎埋压于沙土中，露出叶片，每节都可发生不定根，待节间生根后，可分段剪下种植。

Tips 专业小提示

常春藤的果实、种子和叶子均有毒，孩童误食会引起腹痛、腹泻等症状，严重时会引发肠胃发炎、昏迷，甚至导致呼吸困难等。但茎叶也可当发汗剂以及解热剂。

福禄桐 Wild coffee

学名：Polyscias guifoylei Bailey
科别：五加科，南洋森属
别名：南洋森

种植难易指数：★★
观赏期：全年
花语：福禄寿喜

福禄桐原产于太平洋诸岛，为常绿性灌木。高0.3～1米，侧枝细长，叶互生，椭圆形或长椭圆形，锯齿缘，叶绿常有白斑。散形花序，花小形，花色为淡白绿色。

圆叶福禄桐茎干挺拔，叶片鲜亮多变，是近年较为流行的观叶植物，可用不同规格的植株装饰客厅、卧室、书房、阳台等处，既时尚典雅，又自然清新。

选购要点

选择叶色健康亮丽、叶片茂盛浓密、植株生长势强健、无病虫害者为佳。

栽培要点

生长季节可结合施肥，每月给盆株松土一次，使盆土长期保持通透良好，避免因盆土板结而造成烂根。在梅雨季节或遇连绵阴雨的天气，应加强检查，发现盆内有积水，要及时倒去并翻盆换土，以免落叶或烂根。

养护要点

①介质　以疏松肥沃、排水良好的沙壤土为最佳，为其提供一个疏松、湿润、肥沃的土壤环境。盆栽用土可用腐叶土4份、园土4份、沙2份和少量沤制过的饼肥末或骨粉混合配制。

②浇水　喜湿润。生长期要有充足的水分供应，盆土表面变干后再浇水，土壤略干一点也无妨，但不能浇水过多，避免造成积水烂根。盛夏温度较高，除浇水要充足外，还需每天给叶面喷水一次，既可使叶面洁净光亮，又可增加植株周围的空气湿度。秋末冬初，当气温降至15℃以下时，要控制浇水。冬季则应减少浇水量，或以喷水代浇水，盆土保持微润稍干，但喷洒叶面时，要注意使水温与室温基本一致。

● 花叶福禄桐 ●

③温湿度　性喜高温环境，不甚耐寒。生长适温为15℃～30℃，其中4～10月可保持在20℃～30℃，10月至翌年4月保持在13℃～20℃。当夏季气温达32℃以上时，要放于阴凉处，并向周围喷水降温。秋末冬初，当气温降至15℃时，要及时搬到室内，以免植株受寒害。冬季若室温能维持20℃以上，则茎叶仍继续生长；若温度不高，则植株停止生长，进入半休眠状态。

④**施肥** 每两周左右施一次观叶植物专用肥或腐熟的稀薄液肥，若是花叶品种，肥液中氮肥含量不宜过高，以免叶面上的花纹减退，甚至消失。9月以后停止施肥，使其新枝木质成熟，有利越冬。

⑤**日照** 需明亮的光照，也较耐阴，又忌强光暴晒。光照不足易造成茎叶徒长、斑纹隐褪；在半光照、有明亮散射光的环境下，生长最为旺盛。

⑥**病虫害** 病害常见的有炭疽病，应在发现病叶时，及时摘除，集中烧毁，减少病原。发病期，应喷施80%炭疽福美可湿性粉剂800倍液或50%多菌灵可湿性粉剂600倍液、75%的百菌清1000倍液与70%甲基托布津1000倍液等量混合喷施。每10天1次，连续3~4次。效果较好，后者效果更显著。

虫害常见的有蚧类，注意种植密度不要过大，经常通风透光，控制温湿度不要过高。在若虫孵化盛期，喷施25%扑虱灵1500倍液或40%的速扑杀2000倍液。

繁殖要点

主要采用扦插法繁殖。扦插时间为3~4月间，剪取10~15厘米叶片，只保留端部的2~3片叶，下切口最好位于节下0.2厘米处，并用500ppm的吲哚丁酸或1号ABT生根药液浸泡10秒钟，再将其插入沙床或蛭石中。少量扦插时用广口花盆盛装蛭石即可做插床，浇透水后蒙罩塑料薄膜保湿，维持25℃~30℃的生根适温，遮光40%~50%，20~30天即可生根。插穗萌发新芽后再行移栽上盆。

换盆要点

每2~3年换盆一次，盆土要求疏松肥沃、含腐殖质丰富，并有良好的排水透气性，可用腐叶土或草炭土加1/3的河沙，并掺少量腐熟的鸡、牛粪作基肥。

小叶福禄桐

发财树 Guiana chestnut

学名：Pachira macrocarpa
科别：木棉科，瓜栗属
别名：马拉巴栗、瓜栗、中美木棉

种植难易指数：★★
观赏期：全年
花语：财源滚滚，恭喜发财

发财树为常绿灌木或小乔木，原产于墨西哥的哥斯达黎加。室内观赏多作桩景式盆栽。由于发财树的名称深受欢迎，加上株形状美、叶形奇特、叶色亮绿，树干呈锤形，盆栽后适于在家内布置和美化便用。花大，花色有红、白或淡黄色，色泽艳丽。4~5月开花，9~10月果熟，内有10~20粒种子，但会开花结果的发财树很少见。

养护要点

①介质 对盆土要求比较严格，喜含腐殖质、肥沃疏松、透气保水的酸性沙壤土，忌碱性土或黏重土壤。

②浇水 浇水是养护管理过程中的重要环节。水量少，枝叶发育停滞；水量过大，可能招致烂根死亡；水量适度，则枝叶肥大。浇水的首要原则是"宁湿勿干"，其次是"两多两少"，即夏季高温季节浇水要多，

冬季浇水要少；生长旺盛的大中型植株浇水要多，新分栽入盆的小型植株浇水要少。

一般来说，夏季室内3～5天浇一次水，气温超过35℃时，一天至少浇2次；春秋季节5～10天浇一次；冬季以盆土略潮为宜。室温若在12℃左右，一个月浇一次水即可。对新长出的叶片，还要注意每间隔3～5天用喷壶喷水一次，以保持较高的环境湿度，既利于光合作用的进行，又可使枝叶更显美观。耐旱力较强，数日不浇水不受害。

③**温湿度**　喜温暖，生长适温在18℃～30℃。耐寒力差，冬季最低温度16℃～18℃，低于这一温度叶片变黄脱落；10℃以下容易死亡。

生长时期喜较高的空气湿度，可时常向叶面少量喷水。

④**施肥**　喜肥，对肥料的需求量大于常见的其他花木。每年换盆时，肥土的比例可占1/3，甚至更多。肥土的来源广泛，可收集阔叶树落叶腐殖土，加少许田园土和杂骨末、豆饼渣混合配制。此肥土效力高，方便易得，但应注意充分腐熟，以免将叶片"烧"黄。另外，在发财树生长期（5～9月），每间隔15天，可施用一次腐熟的液肥或混合型育花肥，以促进根深叶茂。

⑤**日照**　喜阳光照射，不能长时间荫蔽，长期在弱光下枝条细，叶柄下垂，叶淡绿。宜摆放在室内阳光充足处，必须使叶面朝向阳光。否则，由于叶片趋光，将使整个枝叶扭曲。但可以在室内光线较弱的地方连续欣赏2～4周，而后放在光线强的地方。6～9月要进行遮阴，保持60%～70%的透光率或放置在有明亮散射光处。

⑥**病虫害**　发财树常见的病害有根（茎）腐病与叶枯病。在生长季，如通风不良，容易发生红蜘蛛和介壳虫危害。

扦插在6月下旬至8月上旬进行，插条采集选择生长健壮、无病虫害、性状优良的当年生半木质化枝条，在阴天或无风的早晨剪取，剪留长度为6～7厘米，下切口为马蹄形，位于叶或腋芽下，切口要光滑，利于形成愈合组织。一般每个插条带两个掌叶。注意不要伤及叶片，以利光合作用。

盆栽的发财树1～2年就应换一次盆，于春季出房时进行，并对黄叶及细弱枝等作必要修剪，促其萌发新梢。

新买的盆景植株，如长势旺盛，也可在7、8月份，利用植物高温期半休眠状态换盆。做到认真操作，使母土不散，栽植后浇足水，不影响生长。

仙人掌 Cactaceae

学名：Opuntia stricta

科别：仙人掌科，仙人掌属

别名：青刺菉、仙巴掌、霸王树、火焰、火掌、玉芙蓉、牛舌头

种植难易指数：★★

观赏期：全年

花语：坚强

仙人掌原产于南北美洲热带、亚热带大陆及附近一些岛屿，为肉质多年生植物。叶子演化成短短的小刺，以减少水分蒸发；茎则演化为肥厚含水的形状；同时长出覆盖范围非常之大的根，便于下大雨时吸收最多的雨水。花朵分外娇艳，花色丰富多彩，带有流苏般的花穗。

室内盆栽仙人掌，以选择小型、花多的种类为宜。仙人掌有防辐射的作用，在电脑前放一盆仙人掌能吸收电脑释放的大量辐射。

养护要点

① **介质** 盆土要求排水透气良好、含石灰质的沙土或沙壤土。

② **浇水** 掌握"不干不浇，浇则浇透"的原则。每一次浇水时，都要有少量水从排水孔流出来为止。切不可浇"拦腰水"。

新栽植的仙人掌先不要浇水，每天用喷雾喷几次即可，半个月后才可少量浇水，一个月后新根长出才能正常浇水。冬季气温低，植株进入休眠状态时，要节制浇水。开春后随着气温的升高，植株休眠逐渐解除，浇水可逐步增加。

③ **温湿度** 生长适温为20℃～35℃之间。陆生型在冬季休眠期间并不要求太高的温度，在保持盆土干燥的情况下，维持温度在4℃～7℃即可。附生型则要求冬季有较高的温度，以维持10℃～13℃或更高为宜。夏季达到30℃～35℃时，大部分仙人掌生长速度减慢，有时某些种类的茎还会变黄或被灼伤，此时必须遮阳并往地面多洒水，以降低温度。可在窗台上用铅丝与塑料薄膜营造一个高温、高湿的封闭式空间，大多数仙人掌在这样的条件下不仅生长快，而且色泽晶莹。

④ **施肥** 需要适时适量地施肥。施肥时，应掌握富含磷、钾、钙和少氮的原则。每10～15天施一次腐熟的稀薄液肥，冬季不要施肥。

⑤ **日照** 喜阳光充足，特别是冬季更要充分阳光照射。一般高大柱形及扁平状的仙人掌类较耐强烈光照，夏季可放在室外不需遮阳；较小的球形类则夏季多喜半阴条件，在夏季高温季节的6～8月在顶部生长点及周围，罩上一片圆形塑料薄膜，以使球体各部分生长均匀。附生型仙人掌类则终年要求半阴条件。

⑥病虫害 常见病害有腐烂病、金黄斑点病、凹斑病、赤霉病、锈病。常见虫害有菜青虫、蝗虫、红蜘蛛、介壳虫、蛴螬、金针虫、地老虎。

繁殖要点

扦插繁殖 扦插时，用消毒利刀从插穗基部两片茎干连接处切下，迅速用消石灰涂抹切口，进行消毒处理，放于阴凉通风干燥处2～3天，待基部切口干缩后，就可以进行扦插了。扦插的深度以植株体能立直稳妥为度。扦插后用喷水壶浇水，一般20天左右便能生根。

Tips 专业小提示

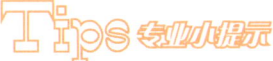

刺内含有毒汁，人体被刺后，易引起皮肤红肿疼痛、瘙痒等过敏症状。但不会对人体造成太大的伤害。

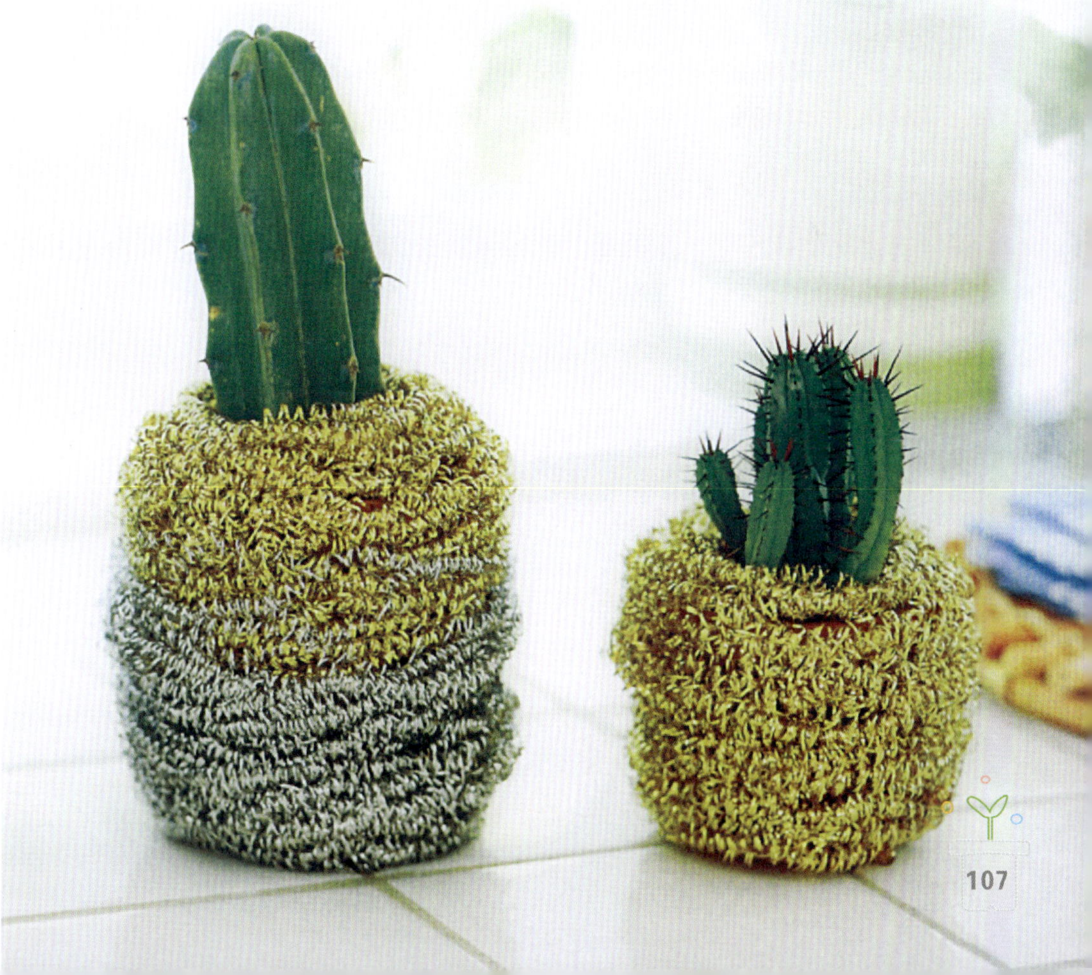

仙人球 Ball cactus

学名：Echinopsis tubiflora
别名：草球、长盛球
观赏期：全年

科别：仙人掌科，仙人球属
种植难易指数：★★

仙人球原产于南美洲，是家庭常见的盆栽种类，也是水培花卉的艺术精品。绿色茎呈球形或椭圆形，球体常侧生出许多小球，形态优美、雅致，具有较高观赏价值。花着生于纵棱刺丛中，开花一般在清晨或傍晚，持续几小时到一天。主要生长期是夏季，也是它的盛花期。只要养护得当，不但生长快，而且球体亮丽，开花繁茂。它具有吸收电磁辐射的作用，也是天然的空气清新器，还具有吸附尘土沙、净化空气的作用。

养护要点

①**介质** 盆栽上采用腐殖土6份、加沙4份、砻糠灰2份，如果再加少许骨粉更好。

②**浇水** 切不可多浇水，应该是宁干勿湿。

③**温湿度** 不耐寒。冬季要移入室内，室温在5℃以上就能安全越冬。

④**施肥** 春夏季节生长开始，每半个月施1次肥，最好施氮磷钾混合肥料。入秋后注意控制肥水，一般每月施一次即可，至10月上旬停肥。施肥时要注意不可沾到球上，如有沾上应及时用水喷洗。

⑤**日照** 要求阳光充足，但夏季不能强光暴晒，需适当遮阴。室内栽培，可用灯光照射，使其健壮生长。

⑥**病虫害** 在高温、通风不良的环境中，容易发生病虫害。病害可喷洒多菌灵或托布津；虫害可喷洒乐果杀除。无论喷洒哪种药液，都要在室外进行。

繁殖要点

扦插繁殖以4~5月份最宜，取茎节1~4节或具分枝的大枝扦插。扦插时伤口不沾水，在日光不直射处晾2~3天，使伤口愈合。插后生根前置阴凉处，少浇水，约20天即生根。

换盆要点

仙人球根丛较小，植盆不宜偏大，盆径应与株体直径相近，才会美观和谐。换盆时，应剪去一部分老根，晾4~5天后再上盆栽植，栽种不宜太深，以球体根颈处与土面持平为宜。

为避免烂根，新栽植的仙人球不要浇水，只需每天喷雾2～3次，半月后可少量浇水，一个月后新根长出才能逐渐增加浇水。

金手指 Golden star cactus

学名：Mammillaria elongata var. intertexta
别名：金筒球、黄金司
观赏期：全年
科别：仙人掌科，乳突球属
种植难易指数：★
花期：春至夏季

金手指原产于墨西哥伊达尔戈州，为仙人掌的一种，茎肉质，初始单生，后易丛基部孳生仔球，圆球形至圆筒形，形似人的手指，单体株径1.5～2厘米，密集丛生，直立或匍匐，体色明绿色。具13～21个圆锥疣突的螺旋棱，全株布满黄白色软刺，并黄褐色针状中刺1枚，易脱落。能开花，常见的有橙色和白色花。花期一般在春末夏初，种得好的话，常年都会零星开花。

金手指外形美观迷人，是家居的理想装饰品。放一盆在电脑、电视以及各种电器附近，可以吸收大量的辐射污染。

养护要点

①**介质** 沙质土壤。

②**浇水** 多肉植物对水十分敏感，浇水不匀或过多会引起腐烂，应根据天气情况和摆放植物的环境，一般是3天左右要浇一次水，浇水要掌握"不干不浇，浇必浇透"的原则。如盆土不好浇透时可浸灌，即把整个盆放到水里，水面不超过盆缘，等盆土全部湿透为止。

③**温湿度** 喜热，最适宜生长温度25℃～30℃，最适宜摆放在温暖通风的环境里生长，但冬季要保温，室温不得低于5℃。

④**施肥** 生长初期每盆施颗粒肥5～10粒，每隔7～10天施一次，进行正常的管理。冬季和炎热的盛夏停止施肥。

⑤**日照** 喜光，但夏季应遮阴。北方地区春季天暖后可将盆花放室外向阳处养护，入冬前移入室内放向阳处，室温保持在5℃以上即可安全越冬。

玉蜻蜓 Murder of Murders

学名：Pedianthus tithymaloides cv.Nana
别名：蜈蚣珊瑚、青龙、怪龙、青龙木、龙凤木
花语：精力旺盛，青春美丽

科别：大戟科，红雀珊瑚属
种植难易指数：★
观赏期：全年

玉蜻蜓原产于美洲热带亚热带地区，是红雀珊瑚的变种。株高约10～30厘米，茎叶肥厚多肉，色泽翠绿，叶呈2列扁平排列，形似蜈蚣，姿态奇特，适合小盆栽摆放于书桌、茶几、窗台以及厨房、洗手间等处。整盆看起来郁郁葱葱，整齐而丰盛，生命力旺盛。种在蓝色、绿色和黄色的彩虹沙做成的波纹形造型的容器中，更加青翠欲滴。

玉蜻蜓能吸滞尘埃，并可增加空气湿度和氧负离子含量，减少日光反射，降低气温。

养护要点

①**介质** 疏松肥沃、排水良好的沙质土。

②**浇水** 耐旱，每10天向容器中加水1次，生长期应经常向叶面喷水，以增加空气湿度。

③**温湿度** 喜高温高湿，耐高温，生长适温20℃～30℃。越冬温度7℃以上。

④**施肥** 生长季节每半个月施1次复合营养液。

⑤**日照** 性耐阴，半日照或者荫蔽处均能生长。

⑥**病虫害** 易种植，病虫害较少。

繁殖要点

多用扦插繁殖，扦插适温20℃～30℃，以排水良好的沙质土为佳，插条每段5厘米以上，约3～4周即可生根。

龙骨 Nightblooming cereus

学名：Hylocereus undatus
科别：大戟科，大戟属
别名：三角霸王鞭、彩云阁、龙骨柱、霸王鞭、霸王花、剑花、三角火旺、七星剑花、三角柱、三棱箭

种植难易指数：★★
观赏期：全年
花语：独占鳌头，各领风骚

　　龙骨原产于美洲热带和亚热带地区，分枝多而密，嫩肉质。形状有丛状形、三柱形、九柱形等，枝体呈蓝绿色，叶片似鱼鳞，在阳光照耀下会闪闪发光，众体林立，群峰似剑，非常壮观，是盆栽花卉的佳品。夏季开花，丛生于上部的刺座上，昼开夜闭，但盆栽一般不易开花。龙骨对甲醛、苯、氡、氨等有很好的吸附效果，对于新装修的房子来说是很好的净化空气的植物。

养护要点

①**介质**　以疏松、富含腐殖质丰富的沙质壤土为好。盆土可用1份腐叶土和1份粗沙混合，并加入少量腐熟的鸡粪或牛粪配成的培养土。

②**浇水**　花耐旱，浇水要适量，宁干勿湿。若盆土长期过湿会引起烂根。春季浇水不宜过多，每10～15天浇1次水即可，但每天应向植株喷水，增加空气湿度。夏季应每天浇水1次，宜在早晨或傍晚浇水。冬季休眠期1～2个月浇一次水也不会干死。

③**温湿度**　不耐寒，怕低温霜冻。冬季要求放在室内向阳处，温度宜保持10℃以上，温度低于10℃时易发生冻害。

④**施肥** 生长期间每15~20天施淡肥一次，肥料以粒状复合肥或自制的矾肥水均可。但用肥不能过浓，以免造成肥害而导致烂根。

⑤**日照** 喜光，耐晒，但夏天要适当遮阴，以利于生长。置于室内观赏的龙骨，应尽量放在靠近日光的窗边，让其多见阳光。

⑥**病虫害** 虫害较少，室内通风不良，易遭红蜘蛛危害顶端。发现枝头顶端发红褐色，有网丝，可用1000~2000倍氧化乐果喷洒，用量不可过大，以防头部溃烂。

修剪要点

新栽的龙骨生长到10~15厘米时，将顶端削去，发出的新枝只留每个角顶端长势旺盛的三个分枝即可，将其余的去掉。待新枝长到20~25厘米时，再去顶一次，以后每分枝一次按上次留枝长度加10厘米去顶。这样长出的龙骨花株形丰满，观赏效果好。

繁殖要点

一般采用扦插繁殖。切取10厘米以上的分枝，把流出的浆液洗净，沾草木灰晾干后插于微干的粗沙土中，一周后插穗开始失水，萎蔫时少量浇水，沙土宁干勿湿，以免剪口腐烂。置于半阴处即可，生根容易。扦插基质需用蛭石、珍珠粉粒、纯河沙，不掺土。

一品红 Poinsettia

学名：Euphorbia pulcherrima willd
科别：大戟科，大戟属，一品红亚属
别名：圣诞花、圣诞红、圣诞一品红、象牙红、老来娇、猩猩木

种植难易指数：★★
观赏期：冬至春季
花语：我心已燃烧，祝福您

一品红原产于墨西哥，为半落叶形灌木，是著名的圣诞节花卉。株高20～100厘米，其最顶层的叶是火红色、红色或白色，常被误会为花朵，为主要观赏部位。花朵丛生于枝头，花絮并生成一个黄色球形的蜜槽，花期为11～4月，花色有红、土黄、黄、粉红、白等。

这是一种适合任何祝福的花。观赏期正值圣诞、元旦、春节期间，非常适合节日的喜庆气氛。

选购要点

选购无病虫害、茎强壮、苞片保存良好的植株，而且无褪色、破损或下垂者。还应注意其株高和形态与花盆的大小成适当比例。

养护要点

①**介质** 对土壤要求不严，但以微酸型的肥沃、湿润、排水良好的沙壤土最好。盆栽土以培养土、腐叶土和沙的混合土为佳。

②**浇水** 秋冬季1～2天浇一次水即可，若遇下雨及冷天气则停止浇水，否则根系易腐烂。浇水时不要让水积存在苞片上，放在室内的盆花底下可加一水盘，以免水漏到地上，也可保持土壤的湿润。

③**温湿度** 喜温暖、湿润，生长适温在15℃～25℃，4～9月为18℃～24℃，9月至翌年4月为13℃～16℃。冬季温度不能低于10℃，否则会引起苞片泛蓝，基部叶片易变黄脱落，形成"脱脚"现象。当春季气温回升时，从茎干上能继续萌芽抽出枝条。不耐高温，因此并不适合南方夏季生长。

④**施肥** 应在培养土里混合基肥。因生长快速，需肥较多，最好以少量多次法来补充磷钾肥，减少氮肥供应，以使开花顺利。

⑤**日照** 一品红为短日照植物。在茎叶生长期需充足阳光，促使茎叶生长迅速繁茂。要使苞片提前变红，将每天光照控制在12小时以内，促使花芽分化。如每天光照9小时，5周后苞片即可转红。若光线不足，圣诞红会开始黄化及落叶。

⑥**病虫害** 根腐病和茎腐病。在苗期高温高湿时易发生，根部和茎部会出现褐色腐烂，严重的整株猝倒死亡。防治措施：基质消毒；清除染病植株；定植时用杀菌剂绿亨一号3000倍液浇灌。

温室粉虱。发生时，叶片会出现白色斑或失绿。防治方法：清除四周杂草、枯枝败叶，切断虫源；在温室中悬挂黄色粘虫板，以减少虫源并判断和监测温室粉虱的活动情况；用40%氧化乐果乳油1000倍液喷杀，7～10天喷1次，连喷3～4次。

修剪要点

一品红一般8月初进行第1次摘心，可离地面10厘米左右留基部3～4节摘心，促使侧枝生长。9月初第2次摘心，留侧枝2～3节，促进花芽分化，控制植株高度。

繁殖要点

繁殖可以采取扦插法。插穗可选成熟的壮枝，每段剪成8～10厘米，为避免乳汁流出，剪后立即浸入水中或沾上草木灰。保留上部3～5片叶，其余剪除，待切口稍干后涂上生根粉，可把有顶芽和无顶芽的分开扦插。土面留2～3个芽，保持湿润并稍遮阴。在18℃～25℃左右温度下2～3周可生根，再经约两周可上盆种植或移植。小苗上盆后要给予充足的水分，置于半阴处一周左右，然后移至早晚能见到阳光的地方培养约半个月，再放到阳光充足处养护。

Tips 专业小提示

一品红的汁液有毒，摘心、扦插时切勿接触，以避免引起皮肤的不适。

玉麒麟 Eephorbia neriifolia var.cristata

学名：Eephorbia neriifolia var.cristata
科别：大戟科，大戟属
别名：麒麟掌、麒麟勒、麒额角
种植难易指数：★★
观赏期：全年

玉麒麟原产于印度，为龙骨的变种。肉质变态茎呈不规则的掌状扇形，嫩时绿色，老时黄褐色并木质化，变态茎顶端及边缘密生肉质叶，株形优雅，酷似中国古代传说中的麒麟，故得名"玉麒麟"。它可以吸收空气里的有害物质甲醛等，新房装修以后买一盆玉麒麟放在室内，既美观又能杀菌。

 养护要点

①**介质** 性喜排水、透气良好的土壤。

②**浇水** 耐干旱，浇水宜少不宜多，要掌握"不干不浇，浇则浇透"的原则。

③**温湿度** 不耐寒，冬天要求放到向阳的房间里。一般在10月中旬霜降前移入室内越冬，室内温度保持在15℃以上，叶片不至变黄；室温低于12℃时肉质叶片会脱落而使植株进入休眠。

④**施肥** 不宜大肥，可每月施一次稀薄豆饼水、麻酱渣水或马蹄掌水。冬季停止施肥。

⑤**日照** 喜阳光，又怕暴晒。可用竹帘子、苇箔或双层窗纱遮阴，以透光率60％为好。

⑥**病虫害** 病虫害较少，但长期在温室或放置地点通风不好，易遭介壳虫危害。冬春季可每10天用清水喷洗一次叶片灰尘。另外它对煤气非常敏感，熏染后易造成落叶。

 繁殖要点

扦插繁殖 在4～10月选晴天的上午，切割生长壮实的变态茎一块。切割变态茎块时，易流出白色乳汁，要使其流淌干净或用水冲去乳汁，以免汁干后形成干胶状，封住切口，影响生根。晾置3～4天，待伤口干缩后，可插入干净河沙2～3厘米左右。扦插后放阴处养护，先不浇水，过两天后喷水，保持盆土潮润，一个月左右可生根，然后移栽上盆。

含羞草 Bashful grass, Sensitive plant

学名：Mimosa pudica

科别：感应草、喝呼草、知羞草、怕羞草、害羞草、夫妻草等

别名：豆科，含羞草亚科，含羞草属

种植难易指数：★★

观赏期：全年

花期：夏季、秋季

播种期：春季、秋季

花语：怕羞

含羞草原产于美洲热带地区，为多年生草本或亚灌木。株高40~60厘米，最高可达1米，株形散落，枝上有刺毛，成簇生长，羽叶纤细秀丽，叶片一碰即闭合。花期7~10月，花色粉红，形如绒球。花多而清秀，楚楚动人，给人以文弱清秀的印象。可盆栽于窗口、几案。

选购要点

用手接触叶片，如能迅速闭合则长势良好，可以购买。

养护要点

①**介质** 一般土壤均可栽培，但以肥沃、疏松、湿润的沙质壤土为佳。

②**浇水** 喜湿润，在阳光充足的条件下，根系生长很快，需要每天浇水。夏季炎热干旱时应该早、晚各浇一次水，缺水则叶片会下垂以至发黄，受触动也不再闭合。

③**温湿度** 喜温暖气候，耐寒性较差。生长季节可放在阳台上或院子里，冬季应移到室内窗台上，室内温度在10℃左右即可安全过冬。

④**施肥** 苗期每半月施追肥1次。生长期可结合浇水，每隔10天左右施稀液肥2~3次。

⑤**日照** 喜光线充足，略耐半阴，宜置于室内向阳处。

⑥**病虫害** 基本无病虫害。如有蛞蝓，可在早晨用新鲜石灰粉防治。

繁殖要点

适宜播种繁殖，春秋都可。播前用35℃温水浸种24小时，浅盆穴播，覆土1~2厘米，以浸盆法给水，保持湿润，在15℃~20℃条件下，7~10天出苗。幼苗期生长较慢，苗高5厘米时上盆。幼苗长到4片叶时开始追施液肥，一般7~10天追一次腐熟淡液肥。苗长大后可再换一次盆，但盆不宜过大，一般定植到15~20厘米的中号花盆中即可。

富贵树 Wilson yellowwood

学名：Robinia Idaho
科别：蝶形花豆科，槐属
别名：香花槐
种植难易指数：★

观赏期：全年
花期：春季、夏季、秋季
花语：优雅整洁，大富大贵，长寿

富贵树为落叶乔木，原产于西班牙。树干挺拔顺直，树态苍劲，全株树形自然开张，枝疏节长，树冠开阔，叶繁枝茂，叶片翠绿光滑，姿态优美，具有良好的观赏价值，也具有较强的抗污染能力。一般5~8月开花，中国南方可春、夏、秋连续开花。花粉红色，有浓郁芳香，可同时盛开200~500朵红花，非常壮观美丽。

养护要点

①**介质** 耐瘠薄，耐盐碱，无论酸性土、中性土及轻盐碱土均能生长。

②**浇水** 富贵树是耐旱植物，应控制水分的给予。只需每间隔3~5天，用喷壶向叶片喷水一次即可。

③**温湿度** 喜欢阳光充足、空气流通的优良环境，在20℃~30℃生长最佳，可耐-25℃~-28℃的严寒。

④**施肥** 每隔20~30天施肥一次；到9月不宜施肥，防止树苗返青影响苗木木质化。

⑤**日照** 喜光，需置于室内阳光充足处。摆放时，必须使叶面朝向阳光，否则将使整个枝叶扭曲。光照不足易导致枝叶枯黄，此时应将盆钵移至室外通风照光。

⑥**病虫害** 富贵树栽种前，施用农家肥要防治地下害虫，用锌硫磷喷雾杀死虫卵。

幼苗要预防蝗虫或蚂蚱蚕食主干和嫩叶，用常用的杀虫剂来预防，如甲基异硫磷、兑硫磷、氧乐果等喷雾；进入夏季，注意防治富贵树苗尖和嫩叶部位的黑密虫，通常采用杀虫剂喷雾防治；立秋前后，富贵树根干部位易患腐烂病或线虫蚕食，用杀虫剂兑多菌灵或50%波尔多液喷雾防治。

繁殖要点

富贵树繁殖以埋根育苗为主。埋根时用1~2年生根段，主侧根十分发达，萌芽性强，生长快。当年埋的种根，当年可在旁边长出许多株幼树，挖出大苗，从根系中还可以分蘖出许多小苗。

花叶络石

China Starjasmine, Confederate-Jasmine

学名：Trachelospermum jasminoides Flame
科别：夹竹桃科，夹竹桃亚科，花皮胶藤族，络石属
种植难易指数：★
观赏期：全年
花期：春至夏季

花叶络石为常绿木质藤蔓植物，单叶对生，叶厚革质，叶上有白色或乳黄斑点，并带有红晕。花白色，花期长，4~7月开，具芳香。其观赏价值体现在三个层次的叶色，即由红叶、粉红叶、纯白叶、斑叶和绿叶所构成的色彩群，五彩缤纷，极似盛开的一簇鲜花，极其艳丽多姿。观赏期长，春、夏、秋三季更佳。为达到最佳的观赏效果，春季需要通过强度修剪以促进萌枝，增加观赏枝，同时形成紧密型植株丛。

花叶络石抗污染能力强，生长快，叶表面有蜡质层，对有害气体如二氧化硫，及氯化氢、氟化物及汽车尾气等光化学烟雾有较强抗性。也有较强的粉尘吸滞能力，能使空气得到净化。

养护要点

①**介质** 对土壤要求不严，但在疏松、肥沃、湿润的酸性或中性壤土中生长旺盛。

②**浇水** 具较强的耐旱性，对水分的要求不太高，大约一周浇一次水即可。

③**温湿度** 耐热、耐寒、耐湿，喜空气湿度较大的环境。

④**施肥** 适时调整氮、磷、钾肥的施用比例，可以使用肥效长、施用简便的缓释肥。3~8月以施用氮肥为主，叶面喷肥或灌根，促进植株生长，9月及10月上旬适量追施磷钾肥，加速枝条的木质化程度，促使植株健壮。

⑤**日照** 喜光，强耐阴，叶色受光照强度和光照时间长短影响比较明显，叶色会随着光照强度变化和光照时间的持续发生渐变。室内盆栽花叶络石必须有适度的光照。

⑥**病虫害** 叶色鲜艳，容易受蚜虫为害。

芦荟 Aloe

学名：Aloe baradersis
科别：独尾草科，芦荟属
别名：卢会、讷会、象胆、奴会

种植难易指数：★
观赏期：全年
花语：青春之源

芦荟原产于地中海、非洲，为多年生常绿草本植物。叶簇生，呈座状或生于茎顶，叶常披针形或叶短宽，边缘有尖齿状刺。花色呈红、黄或具赤色斑点。

芦荟叶子切口滴落的汁液呈黄褐色，遇空气氧化就变成了黑色，又凝为一体，所以称作"芦荟"。芦荟各个品种的性质和形状差别很大，有的像巨大的乔木，高达20米左右。有的高度却不及10厘米，其叶子和花的形状也有许多种，栽培上各有特征，千姿百态，深受人们的喜爱。

养护要点

①**介质** 对土壤要求不严，在旱、瘠土壤上叶瘦色黄，在肥沃土壤中叶片肥厚浓绿。

②**浇水** 耐旱，最怕积水。春秋一般都是每隔5天浇一次水；炎夏之时，每天当太阳下山后浇一次水。冬天芦荟几乎进入休眠状态，此时只要将表面的土壤浇湿即可。

③**温湿度** 芦荟怕寒冷，生长最适宜的温度为15℃～35℃，湿度为45%～85%。在5℃左右停止生长，0℃时，生命过程发生障碍，如果低于0℃，就会冻伤。

④**施肥** 芦荟不仅需要氮磷钾，还需要一些微量元素。为保证芦荟是绿色天然植物，要尽量使用发酵的有机肥，饼肥、鸡粪、堆肥都可以，蚯蚓粪肥更适合种植芦荟。

⑤**日照** 喜光，需要充足的阳光才能生长。但初植的芦荟还不宜晒太阳，最好是只在早上见见阳光，过上10～15天才会慢慢适应在阳光下茁壮成长。

⑥**病虫害** 芦荟常见病害主要有炭疽病、褐斑病、叶枯病、白绢病及细菌性病害。

繁殖要点

分株繁殖于每年春季（3～4月）或秋、冬季（9～11月），将芦荟每株周围分蘖出来的小苗，切断其与母株连接的地下茎，即可定植。

黑金刚 Ficus elastica

学名：Ficus elastica
科别：桑科，榕属
别名：缅榕、印度橡胶榕、印度胶树
种植难易指数：★★
观赏期：全年
花语：权威，高贵

黑金刚原产于印度，是印度橡胶榕的一个变种。树冠大，广展，叶片较大，圆形至长椭圆形；叶面暗绿色，叶背淡绿色，初期包于顶芽外，新叶伸展后托叶脱落，并在枝条上留下托叶痕。其花叶品种在绿色叶片上有黄白色的斑块，更为美丽悦目，但叶子有毒。为常见的观叶植物，不论是家庭、宾馆、会堂等场所，经常能看到它的身影。中小型植株常用来美化客厅、书房；中大型盆栽植株适合布置在大型建筑物的门厅两侧及广场上，比较大气。

黑金刚是消除有害植物的多面手，对空气中的一氧化碳、二氧化碳、氟化氢等有害气体有一定抗性。还能消除可吸入颗粒物污染，对室内灰尘能起到有效的滞尘作用。

①介质 宜肥沃、湿润、酸性土壤。

②浇水 喜水，但不耐水渍，出现涝害现象时，根部得不到氧气，就会出现黄叶、落叶现象。浇水要遵循"见干见湿"的原则，不要浇水太勤。冬季宜在室内过冬，一般一周左右浇水一次，夏季应根据天气和盆土湿度决定。

③温湿度 喜暖湿气候，不耐寒，生长适宜的温度为20℃～30℃之间，在25℃～30℃时生长最茂盛。低于10℃时生长不良，低于0℃时易受冻害。室内如遭受冷风吹袭，则会出现黄叶、落叶现象。

④施肥 生长较为迅速，水肥的需求量较大，温度在25℃以上时可视生长情况隔20~30天使用一次成品全元素复合肥，使用量宁少勿多。温度低于20℃时停止施肥。

⑤日照 耐阴，比较适合放在室内养护。在高温时要遮光，光线太强，容易照伤叶子。但光照过少，再伴随通风差会出现黄叶、落叶现象。

⑥病虫害 常见病害有灰斑病、黑斑病、叶斑病。常见虫害有介壳虫、红蜘蛛等，应及时喷药防治。

扦插繁殖比较简单，极易成活且生长快。一般在春末夏初结合修剪进行。选择一年生木质化的中部枝条作插穗，插穗以保留三个芽为准，剪去下面的一个叶片，将上面两片叶子合拢，并用塑料绳绑好,或将上面叶片剪去半叶片,以减少水分蒸发;为了防止剪口乳汁流失过多而影响成活,应及时用草木灰涂抹伤口;将处理好的插穗扦插于河沙或蛭石为基质的插床;插后保持插床有较高的湿度,并经常向地面洒水以提高空气湿度,但切忌积水。在18℃~25℃温度、半阴条件下,经2~3周即可生根。

绿萝 Bunting

学名：Scindapsus aureun
科别：天南星科，绿萝属
别名：黄金葛、黄金藤、魔鬼藤、石柑子、竹叶禾子

种植难易指数：★
观赏期：全年
花语：守望幸福

绿萝生长于热带地区，为常绿藤本植物。藤长数米，节间有气根，随生长年龄的增加，茎增粗，叶片也越来越大，绿色叶片上有黄色的斑块。绿萝还可水培，但与土栽相比植株较小。

绿萝是很好的"空气净化器"，可以吸收空气中80%以上的甲醛、苯、二氧化硫等有害气体，适合摆放在客厅、洗手间或卧室等地方。也可以挂在窗台上或放在比较高的地方，让蔓下垂，形成优美的形态，或在蔓茎垂吊过长后圈吊成圆环，宛如翠色浮雕。这样既充分利用了空间，净化了空气，又为呆板的柜面增加了线条活泼、色彩明快的绿饰，极富生机，给居室平添融融情趣。

选购要点

在选购小株时应选择叶色清翠、叶片没有黄白斑点的为佳；而选购大株时则选购根茎粗大、茎节处有气根、叶片颜色浓绿为好。

养护要点

①介质 要求土壤疏松、肥沃、排水良好。盆土应选用肥沃、疏松、排水性好的腐叶土，以偏酸性为好。

②浇水 喜湿润，生长季节浇水以经常保持盆土湿润为宜，切忌盆土干燥，否则易引起叶黄和株形不佳。夏季在充分浇水的同时，还要注意经常向叶面上喷水。冬季气候干燥，室温低时更要注意控制浇水，也需每隔4~5天用温水喷洗一次叶片，洗去叶面上的灰尘，以利于

保持叶片光亮翠绿。

③**温湿度** 喜较高温，生长的适宜温度为20℃~30℃，冬季室温不宜低于15℃，否则易发生黄叶、落叶现象。

④**施肥** 秋冬季节减少施肥，入冬前15天左右浇一次喷液态无机肥。秋凉后应停止给肥。

⑤**日照** 耐阴，宜在散射光较强的环境中生长，平时置于室内阴凉的地方即可。秋冬季节应增大光照度，补充温度和光合作用的不足。

⑥**病虫害** 盆栽绿萝常见的病害有叶斑病和根腐病。

繁殖要点

主要用扦插法繁殖，春末夏初剪取15~30厘米的枝条，将基部1~2节的叶片去掉，用培养土直接盆栽，每盆3~5根，浇透水，植于阴凉通风处，保持盆土湿润，一月左右即可生根发芽，当年就能长成具有观赏价值的植株。春夏季用枝条扦插容易生根。

红掌 Anthurium

学名：Anthurium andraeanum	种植难易指数：★★
科别：天南星科，花烛属	观赏期：全年
别名：安祖花、火鹤花、红鹤芋、花烛、红鹅掌	花语：大展宏图，热情，热血

红掌原产于南美洲的热带雨林中，为多年生常绿草本植物，是典型的半肉质须根系，并具气生根。茎极短。叶深绿，心形，厚实坚韧，花蕊长而尖，有鲜红色、白色或者绿色，周围是红色、粉色或白色的佛焰苞，全都有毒。可常年开花，一般植株长到一定时期，每个叶腋处都能抽生花蕾并开花。花期长，切花水养可长达1个月，切叶可作插花的配叶。可作盆栽，盆栽单花期可长达4~6个月。粉色也称"粉掌"。

红掌以其翠叶欲滴，佛焰苞片鲜艳亮丽，肉穗花序镶金嵌玉的风姿，令人神往，是世界名贵花卉。盆花多在室内的茶几、案头做装饰花卉，可吸收空气中对人体有害的苯、三氯乙烯。

选购要点

①**看株形** 优质的红掌，应该具备外观新鲜、株形饱满匀称、花朵大小和数量适当、生长正常、无病虫害、植株大小与盆的大小相称等特点。

②**看花朵** 优质的红掌，其"佛焰花序"应是佛焰苞片颜色纯正，无褪色，无畸形，完好整齐；肉质花序新鲜完整，花葶挺直，健壮，花卉分布均匀，整个"佛焰花序"超出绿色叶面。

③**看叶片** 优良的红掌，根系生长良好，茎叶健壮，叶片排列整齐，匀称，叶片完好，色泽正常，无褪色，叶面清洁。

养护要点

①**介质** 忌盐碱。土可用泥炭土、叶糠和珍珠岩按3：2：1的比例配成混合土使用。

②**浇水** 红掌属于对盐分较敏感的花卉品种，水的含盐量越少越好，最好采用自来水。

③**温湿度** 性喜温暖、潮湿的环境，不耐寒，生长的最适温度为18℃~28℃，最高温度不宜超过35℃，最低温度为14℃，低于10℃随时会产生冻害的可能。夏季温度高于32℃时需采取降

温措施,如加强通风、多喷水、适当遮荫等。冬季如室内温度低于14℃时需进行加温。

空气相对湿度以70%~80%为佳。

④**施肥** 红掌喜肥,养护过程中肥料往往结合浇水一起施用,一般选用氮磷钾比例为1:1:1的复合肥,把复合肥溶于水后,用浓度为千分之一的液肥浇施。春、秋两季一般每3天浇肥水一次,如气温高视盆内基质干湿可2~3天浇肥水一次;夏季可2天浇肥水一次,气温高时可加浇水一次;冬季一般每5~7天浇肥水一次。

⑤**日照** 喜阴,在室内宜放置在有一定散射光的明亮之处,应注意千万不要把红掌放在有强烈太阳光趋直射的环境中。光照过强时,有可能造成叶片变色、灼伤或焦枯现象。

⑥**病虫害** 盆栽红掌有时会出现花早衰、畸形、粘连、裂隙及玻璃化和蓝斑等现象,这多为施肥、盆土和空气湿度管理不当或品种原因引起的生理性病害。防止方法是改善栽培管理,合理施肥,适当通风。

盆栽红掌主要的病虫害有细菌性枯萎病、叶斑病、根腐病、柱孢属、柱枝双孢菌属、线虫、红蜘蛛、蚜虫、鳞翅目害虫、白粉虱、介壳虫、蜗牛等。

繁殖要点

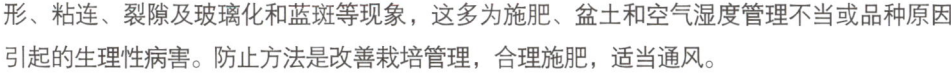

①**扦插繁殖** 扦插时,将老枝条剪下,去叶片,每1~2节为一插条,插于25℃~35℃的插床中,几周后即可萌芽发根。

②**分株繁殖** 分株一般在春季进行,将有3片以上叶片的子株从母株上连茎带根分取下来,用水苔包扎后移植于苗盆内,经1个月左右即可种植。

 Tips 专业小提示

一旦误食此花,嘴里会感觉又烧又痛,随后便会肿胀起泡,嗓音变得嘶哑,并且吞咽困难。多数症状会随着时间而减轻直至消失,如果想减轻痛苦,可以选择清凉液体、止痛药丸或者甘草类和亚麻仁的食物。

白掌 Spathiphyllum

学名：Spathiphyllum kochii
别名：白鹤芋、苞叶芋、一帆风顺、和平芋
花语：事业有成，一帆风顺
科别：天南星科，苞叶芋属
种植难易指数：★★
观赏期：夏至秋季

白掌原产于哥伦比亚，为多年生常绿草本观叶植物，为欧洲最流行的室内观叶植物之一。株高40～60厘米，株形、茎叶与红掌类似，花梗长而高出叶面，白色或绿色。花大而显著，由一块白色的苞片和一条黄白色的肉穗所组成，酷似手掌，故名"白掌"。花期6～9月。

白掌能抑制人体呼出的废气，如氨气和丙酮等，同时它也可以过滤空气中的苯、三氯乙烯和甲醛。空气中污染物的浓度越高，它越能发挥其净化能力，非常适合通风条件不佳的阴暗房间。

选购要点

同红掌。

栽培要点

可水培，方法如下：

   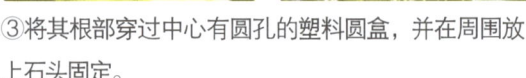

①将植物连根带土从花盆里取出，把所有土壤从根系上剥落下来。
②在盆里将植物根部剩下的土壤清洗干净。
③将其根部穿过中心有圆孔的塑料圆盒，并在周围放上石头固定。
④放进注入水的玻璃容器中。

养护要点

①**介质** 盆土要求土壤疏松、排水和通气性好，不可用□重土壤，一般可用腐叶土、泥炭土拌和少量珍珠岩配制成基质；种植时加少量有机肥作基肥。

②**浇水** 非常喜潮湿。但不可以浇太多的水，让盆内保持积水的状态。高温季节，需要在

它周围及叶身上喷上水雾。气候干燥，空气湿度低，新生叶片会变小发黄，严重时枯黄脱落。

③**温湿度** 不耐寒，生长适温为20℃～28℃，越冬温度为10℃以上。温度过低会冻死。

④**施肥** 生长速度快，需肥量较大，故生长季每1～2周需施一次液肥。但如果是冬天在北方，要停止施肥，水分也要适当控制。

⑤**日照** 喜半阴环境，只要有60%左右的散射光即可满足其生长需要，可常年放在室内具有明亮散射光处培养。夏季应注意遮阴，需遮去60%～70%的阳光。如光太强，叶片容易灼伤，枯焦、叶色暗淡，失去光泽，影响观赏；如长期光线太暗，也会使植株生长细弱，发育不良，且不易开花。

⑥**病虫害** 常见病害有细菌性叶斑病、褐斑病和炭疽病危害叶片，可用50%多菌灵可湿性粉剂500倍液喷洒。另有根腐病和茎腐病发生，除注意通风和减少湿度外，用75%百菌清可湿性粉剂800倍液防治。有时发生介壳虫和红蜘蛛危害，用50%马拉松乳油1500倍液喷杀防治。

通风不良时，常见介壳虫，可擦拭去除，但一定要擦拭干净。

繁殖要点

生长健壮的植株两年左右可以分株一次，一般在春季换盆时或秋后进行。在新芽生出前将整棵植株从盆中倒出，去掉旧培养土，在株丛基部将根茎分割成数丛（每丛含有3个以上的芽），用新培养土重新上盆种植。

Tips 专业小提示 白掌不开花应该怎么办？

白掌生长较快速，一般1～2年其植株就会满盆，叶片拥挤，难以开花。除了要及时换盆之外，通常放在半阴处较适合，并要求高湿度，空气过干燥时不利开花。每次浇水要充分，维持盆土湿润，在5～9月生长期每月施入一些粒状复合肥，这样会既长叶又开花。

滴水观音 Dishgyi, dishlia

学名：Alocasia macrorrhiza
别名：滴水莲、海芋、佛手莲、观音莲、羞天草
科别：天南星科，海芋属
种植难易指数：★★
观赏期：全年

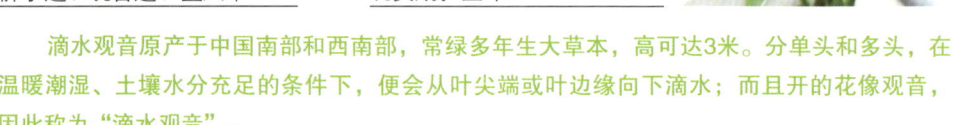

滴水观音原产于中国南部和西南部，常绿多年生大草本，高可达3米。分单头和多头，在温暖潮湿、土壤水分充足的条件下，便会从叶尖端或叶边缘向下滴水；而且开的花像观音，因此称为"滴水观音"。

滴水观音是叶形及色彩均美丽的大型观叶植物，宜用大盆或木桶栽培，适于布置大型厅堂或室内花园，也是非常普遍的家养绿色盆栽。它有清除空气灰尘的功效，但因是热带植物，所以在北方一般不会开花。

选购要点

叶片翠绿光亮，叶片没有病虫害迹象，叶片边缘无枯焦，每株叶片能达到6片以上者为佳。盆栽错落有致、特征良好的更理想，更具观赏性。

栽培要点

如果想要养在室内的滴水观音小巧玲珑，只需等到它的幼苗生长到30厘米左右、适合家庭摆放的时候，立即用2%的多效唑溶液喷洒全株，之后再长出的茎叶都高不过40厘米，且叶片肥厚，观赏价值很高。每半年左右喷药一次就能起到良好的控高作用。

繁殖要点

①**介质** 对土壤的要求不高，但在排水良好、含有机质的沙质土壤或腐殖质土壤中生长最好。盆土用腐叶土、泥炭土、河沙加少量沤透的饼肥混合配制的营养土栽培。也可水培，但要注意防烂根和添加营养液。

②**浇水** 喜湿，生长季节不仅要求盆土潮湿，而且空气湿度不能低于60%。夏季高温时要加强喷水，创造一个相对凉爽湿润的环境。若冬季室温不能达到15℃时应控制浇水，否则易导致植株烂根，一般情况下每周喷1次温水便能保持叶色浓绿。

③**温湿度** 滴水观音是热带雨林中的林下植物，生长温度为20℃～30℃。如果气温低于18℃，会处于休眠状态，停止生长。最低可耐8℃低温。

④**施肥** 生长非常快，比较喜肥，每月施1~2次氮、磷、钾复合肥（氮比例可适当高一些），如能施一点硫酸亚铁会使叶片更大更绿，长期缺肥会造成滴水观音茎部下端空秃，影响观赏价值。当气温降低进入休眠期后，可以减少施肥或不施肥。

⑤**日照** 为耐阴植物，喜欢半阴环境，放置在既能遮阴又可通风的环境中即可。

⑥**病虫害** 病害反应在叶片上，一般有两种：叶斑病、炭疽病。

最严重的虫害是红蜘蛛。红蜘蛛一般生于叶背，它不但吸食叶的营养，还传播各种病毒，极大影响植物的生长，所以要经常检查，一旦发现，立即清除。可用螨虫清、扫螨净、吡虫啉等药物进行治疗。

换盆要点

通常每年春季换盆1次，可每月松土1次保持盆土处于通透良好的状态。

Tips 专业小提示

滴水观音茎内的白色汁液有毒，滴下的水也有毒，误碰或误食其汁液，会引起咽部和口部的不适，胃里有灼痛感，应当特别注意防止幼儿误食。但是滴水观音并不是致癌植物。

金钱树 Zamioculcas

学名：Zamioculcas zamiifolia
别名：金币树、雪铁芋、泽米叶天南星、龙凤木
花语：招财进宝，荣华富贵

科别：天南星科，雪芋属
种植难易指数：★★
观赏期：全年

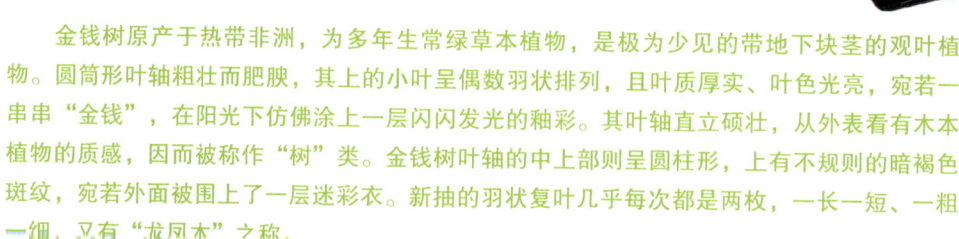

金钱树原产于热带非洲，为多年生常绿草本植物，是极为少见的带地下块茎的观叶植物。圆筒形叶轴粗壮而肥胖，其上的小叶呈偶数羽状排列，且叶质厚实、叶色光亮，宛若一串串"金钱"，在阳光下仿佛涂上一层闪闪发光的釉彩。其叶轴直立硕壮，从外表看有木本植物的质感，因而被称作"树"类。金钱树叶轴的中上部则呈圆柱形，上有不规则的暗褐色斑纹，宛若外面被围上了一层迷彩衣。新抽的羽状复叶几乎每次都是两枚，一长一短、一粗一细，又有"龙凤木"之称。

金钱树能通过光合作用吸收有毒气体，释放氧气，是颇为流行的室内盆景植物。在客厅或者办公室摆放一盆，能够给整个房间增添一种蓬勃向上的生机、葱翠欲滴的活力，同时也突出了招财进宝、荣华富贵的寓意。

选购要点

以茎杆粗壮、叶片厚实、油绿，无黄斑、焦边等病态者为佳。

养护要点

①**介质** 要求土壤疏松肥沃、排水良好、富含有机质、呈酸性至微酸性。

②**浇水** 具有较强的耐旱性，以保持盆土微湿偏干为好。当室温达33℃以上时，应每天给植株喷水一次。中秋以后要减少浇水，或以喷水代浇水，以助于新抽嫩叶的平安过冬。

冬季要给叶面和四周环境喷水，使相对空气湿度达到50%以上。但应特别注意盆土不能过分潮湿，以偏干为好，盆土过湿更易导致植株根系腐烂，甚至全株死亡。

③**温湿度** 喜暖热略干，畏寒冷，生长适温为20℃~32℃。秋末冬初，当气温降到8℃以下时，应及时将其移放到光线充足的室内，在整个越冬期内，温度应保持在8℃~10℃之间，并保持盆土稍呈干燥的状态。特别是寒冷时，可于夜晚套罩双层塑料袋，次日温度回升后再解去套袋。

④**施肥** 喜肥，培养土中应加入适量沤制过的饼肥或缓释复合肥，生长季节可每月浇施2~3次0.2%的尿素加0.1%的磷酸二氢钾混合液。中秋后停施氮肥，连续追施2~3次0.3%的磷酸二氢

钾液，以促使其幼嫩叶轴和新抽叶片的硬化充实。当气温降到15℃以下后，应停止追肥，以免肥害伤根。

⑤**日照** 喜光又较耐阴，忌强光直射。入夏后，及时将植株移放到半阴的环境中，春末夏初久雨初晴，应及时收听天气预报，及早给盆栽植株遮阴。

⑥**病虫害** 盆土水分保持偏干，植株可保持长年无病。在高温高湿季节或浇水过多时，造成细菌感染而烂根、烂茎、烂叶，在栽培过程中注意浇水，做到不干不浇。

通风不良、光线欠佳的环境中叶片易遭介壳虫的刺吸危害。一旦发现用500～800倍的40％乐果兑水喷洒，连续2～3次，杀虫效果好。

换盆要点

梅雨季节要勤检查，发现盆内有积水现象发生时，要及时给予翻盆换土。

金钻 Philodendron'con-go'

学名：Philodendron'con-go'
别名：春羽、喜树蕉、辟邪王、翡翠宝石
花语：多子多福

科别：天南星科，喜林芋属
种植难易指数：★★
观赏期：全年

　　金钻全名金钻蔓绿绒，为多年生常绿草本植物，观叶植物，不开花。茎短，根系发达，成株具气生根；叶片质厚而翠绿，长圆形，有光泽，每片叶子的寿命长达30个月；叶柄长而粗壮，叶片搭配均匀、张度适中。

　　金钻生命力极强，具有净化空气的作用。将其布置室内，大方清雅，富热带雨林气氛。

选购要点

　　购买幼苗时一定要看清有没有幼芽，如没有，是还未"服盆"的新苗，较难养，护理不当就容易死掉。另外还要看整棵幼苗的形状，好的幼苗根茎挺立，叶色正常，茎叶分布均匀，没有外伤。

养护要点

　　①**介质**　盆栽多用泥炭、珍珠岩混合配制营养土。

　　②**浇水**　生长期要经常保持土壤湿润，忌过干，也不能太湿。夏季可每天浇水，夏、秋两季，还应向植株喷水保湿、降温。冬季两周浇一次水，若浇水过勤，易落叶，易烂茎。

　　③**温湿度**　喜温暖湿润，生长适温为20℃～30℃，但10℃左右就能开始生长。畏严寒。

　　④**施肥**　喜肥，生长旺期每月施肥水2～3次，忌偏施氮肥。刚栽入的幼苗生长较缓慢，施肥一定要稀薄，不可大肥大水地灌溉，当心植株吃不消而烂根。

　　⑤**日照**　生长环境需求半阴或散射光。生长期宜放置在半阴处，夏季要避免烈日直射，否则叶子易发生焦斑。在室内盆养，宜放置在窗户附近。冬季需要较充足的光照，利于越冬。

　　⑥**病虫害**　如果长期没有向叶片上喷水，可能有红蜘蛛危害，可用水冲洗几遍，也可喷施螨类专杀药剂进行防治。

观音莲 Widened Microsorium

学名：Sempervivum tectorum
别名：长生草、佛座莲、观音座莲
科别：景天科长生草属
种植难易指数：★
花期：7~10月

观音莲是一种以观叶为主的小型多肉植物，株形端庄，紧凑直挺，犹如一朵盛开的莲花。叶片宽厚并富有特殊的金属光泽，叶脉清晰如画，极富诗情画意；叶色富于变化，紫红色的叶尖极为别致，为风格独特的观叶植物，适合做中小型盆栽或组合盆栽。用来布置书房、客厅、卧室和办公室等处，显得高贵典雅。

养护要点

①**介质** 盆栽宜用疏松、排水通气良好的富含腐殖质的土壤，一般可用腐叶土、园土和河沙等量混合作为基质。

②**浇水** 4~9月为其生长旺盛期，此时要求土壤湿润及空气湿度较高，要给予充足的水分。夏季高温期，叶片水分蒸发量大，需水量更多，如缺水极易使叶片萎蔫，需经常向叶面喷水，同时保持环境湿润，但应避免盆中积水，否则会引起根系腐烂。

③**施肥** 生长期每月施肥1次，以保持叶片青翠碧绿。但施肥过多，也会引起茎叶徒长。

④**日照** 喜半阴，忌强光暴晒。在半阴环境下，叶色鲜嫩而富有光泽，叶脉清晰，叶色深绿。如光照太强，容易使叶色暗淡，叶面粗糙，叶色灰白，叶脉模糊，叶面有时发生灼伤斑点。光线太弱易引起徒长，植株生长纤细而易倒伏。

⑤**病虫害** 常有锈病、叶斑病和根结线虫危害，可用75%百菌清可湿性粉剂800倍液喷洒防治，根结线虫用3%呋喃丹颗粒剂防治。

虫害有黑象甲危害，用25%西维因可湿性粉剂500倍液喷杀。

换盆要点

感觉盆小时即可换盆，在春秋冬季都可以换，夏季不适宜换盆。

繁殖要点

常用扦插繁殖。室内扦插，四季均可进行，以8~10月为更好，生根快，成活率高。插穗可用单叶、蘖枝或顶枝，剪取的插穗长短不限，但剪口要干燥后，再插入沙床。插后一般20天左右生根。插壤不能太湿，否则剪口易发黄腐烂，根长2~3厘米时上盆。

网纹草 Nervr plant

学名：Fittonia verschaffeltii
别名：费道花、费通草、银网草
观赏期：春至秋季
科别：爵床科，网纹草属
种植难易指数：★★
花语：理性睿智，清新素雅

网纹草原产于秘鲁，为多年生草本植物。植株低矮，呈匍匐状蔓生，高约5~20厘米。叶十字对生，卵形或椭圆形，花期在9~11月，花梗均密被茸毛，叶面密布红色或白色网脉。姿态轻盈，植株小巧玲玫，由于叶脉清晰，叶色淡雅，纹理匀称，清新美观，特别适合盆栽观赏。待满盆时，置于室内，显得春意盎然，是目前十分流行的盆栽小品种。

选购要点

选购网脉清晰、线条图案优美，且茎叶健康、茂盛的植株。

栽培要点

盆栽用8~10厘米盆或12~15厘米吊盆。10厘米盆栽3棵扦插苗，15厘米吊盆栽5棵扦插苗。

养护要点

①**介质** 盆土常用培养土、泥炭土和粗沙的混合基质，也可用椰壳、珍珠岩混合基质进行无土栽培。

②**浇水** 等表土干时再浇水，水量要稍加控制，最好能让培养土稍微湿润即可。夏季在早晨或傍晚温度低时浇灌，还要每天2~3次给植株喷雾。生长期使用0.05%~0.1%硫酸锰溶液喷洒叶片1~2次，叶片更加翠绿娇嫩。

③**温湿度** 喜温，生长适温为18℃~30℃，耐寒力差，气温低于12℃叶片就会受冷害，冬季气温降到4℃以下进入休眠状态，如果环境温度接近0℃时，会冻伤死亡。

④**施肥** 施肥要求遵循"淡肥勤施、量少次多、营养齐全"的原则,最怕乱施肥、施浓肥和偏施氮、磷、钾肥。生长期每半月施肥1次。由于枝叶密生,施肥时注意肥液勿接触叶面,以免造成肥害。也可施用"20－20－20"通用肥,对其生长更为有利,植株更加干净清洁。

⑤**日照** 喜中等强度的光照,忌阳光直射,但耐阴性也较强。最好摆放在室内明亮的窗边,并每隔1~2个月移到室外半阴处或遮阴养护1个月,以让其积累养分,恢复长势。

⑥**病虫害** 常见病害有叶腐病和根腐病。叶腐病用25%多菌灵可湿性粉剂1000倍液喷洒防治;根腐病用链霉素1000倍液浸泡根部杀菌。

虫害有介壳虫、红蜘蛛和蜗牛危害。介壳虫和红蜘蛛用40%氧化乐果乳油1000倍液喷杀;蜗牛可人工捕捉或用灭螺丁诱杀。

繁殖要点

①**扦插繁殖** 家庭可用带有三四对叶的短小枝梢作插条进行扦插繁殖。

②**分株繁殖** 对茎叶生长比较密集的植株,有不少匍匐茎节上已长出不定根,只要匍匐茎在10厘米以上带根剪下,都可直接盆栽,在半阴处恢复1~2周后转入正常养护。

鸟巢蕨

Bird's-nest fern

学名：Neottopteris antiqua
别名：巢蕨、山苏花、王冠蕨
观赏期：全年
科别：铁角蕨科，巢蕨属
种植难易指数：★★

鸟巢蕨原产于热带亚热带地区，为多年生阴生草本观叶植物。大团海绵状须根，能吸收大量水分。株形丰满，株高60～120厘米，叶簇生，辐射状排列于根状茎顶部，呈漏斗状或鸟巢状。叶色葱绿光亮，潇洒大方，野味浓郁。小型盆栽植株置于明亮的客厅、会议室及书房、卧室，显得小巧玲珑、端庄美丽。

选购要点

挑选长势旺盛、株形漂亮、叶片鲜绿光亮、没有病虫害的植株。

养护要点

①**介质** 盆土以泥炭土或腐叶土最好。

②**浇水** 生长季节要充分浇水。冬季室温低时，需保持盆土稍湿润为好。夏季除应大量浇水外，还需每天喷洒叶面2～3次，防止叶缘干枯卷曲。但浇水时要注意盆中不可积水。

③**温湿度** 喜高温湿润，生长适温为20℃～22℃，冬季温度不低于5℃。一般空气湿度以保持70%～80%较适宜。

④**施肥** 生长旺季（5～8月），一般每2～3周需施1次氮钾混合的薄肥。

⑤**日照** 不耐强光，夏季要进行遮阴，避免强阳光直射，这样有利于生长，使叶片富有光泽；在室内则要放在光线明亮的地方，不能长期处于阴暗处。

⑥**病虫害** 在高温高湿、通风不良的环境中，叶片易感染炭疽病。线虫危害叶片，出现褐色网状线斑，可用克线丹防治。有时蛞蝓也会侵袭叶片，应及时刮除。

换盆要点

每隔1年需换盆1次，盆土可用腐叶土或泥炭土、蛭石为主，并掺入少量河沙，另加少量骨粉泥均匀配制。

波斯顿蕨 Boston fern

学名：Nephrolepis exaltata　　科别：肾蕨科，肾蕨属
别名：高肾蕨　　　　　　　　　种植难易指数：★★
观赏期：全年

波斯顿蕨原产于热带及亚热带，为多年生常绿蕨类草本植物。根茎直立，有匍匐茎。叶丛生，叶片长可达60厘米以上，有光泽，展开后下垂，具细长复叶。

波斯顿蕨的适应性极强，有吸收甲醛废气的功能，还可以抑制电脑显示器和打印机中释放的二甲苯和甲苯，是有效的"生物净化器"，适宜盆栽于室内吊挂观赏。

选购要点

购买时以株形秀雅、叶色鲜绿者为佳。

养护要点

①**介质**　盆栽选用腐叶土、河沙和园土的混合培养土，采用水苔作培养基更好。

②**浇水**　虽耐旱，但仍需充足的水分，且不宜过湿或过干，要保持盆土经常湿润。夏季每天浇水1~2次，还应经常向叶面喷水。

③**温湿度**　性喜温暖、湿润，又喜通风，忌酷热。生长适温为15℃~25℃，冬季在10℃以上能安全越冬。

④**施肥**　需肥不多，生长期每4周施一次稀薄腐熟饼肥即可，不宜使用速效化肥，施肥时切勿沾污叶片，以免引起损伤。

⑤**日照**　喜半阴环境。应置于室内明亮散射光处，也不能放在阴暗处。

⑥**病虫害**　病害主要是叶斑病和猝倒病。虫害主要是毛虫、介壳虫、粉蚧和线虫等。

繁殖要点

可用分株方法进行繁殖。从生长旺盛的植株中剪下匍匐枝上生出的带根小植株，另行栽植即可。分栽的植株浇透水，置于阴处一周左右，即可转入正常的养护。分株在春、夏、秋季都可。

换盆要点

每隔一年于春季换一次盆。

铁线蕨 Adiantum

学名：Adiantum capillus-veneris

别名：铁丝草、少女的发丝、铁线草、水猪毛土

科别：铁线蕨科，铁线蕨属

种植难易指数：★★

铁线蕨是多年生常绿草本植物，其淡绿色薄质叶片搭配着乌黑光亮的叶柄，显得格外优雅飘逸。高0.1~0.5米。因其茎细长且颜色似铁丝，故名铁线蕨。铁线蕨也有很多变种，如荷叶铁线蕨、肾叶铁线蕨等。属世界种，各地区均有野生。

铁线蕨喜阴，适应性强，栽培容易，更适合室内常年盆栽观赏。作为小型盆栽喜阴观叶植物，在许多方面优于文竹。小盆栽可置于案头、茶几上；较大盆栽可用以布置背阴房间的窗台、过道或客厅，能够较长期供人欣赏。铁线蕨叶片还是良好的切叶材料及干花材料。

养护要点

①**介质** 铁线蕨喜疏松透水、肥沃的石灰质土沙壤土，盆栽时培养土可用壤土、腐叶土和河沙等量混合而成。

②**浇水** 铁线蕨喜湿润的环境，生长旺季要充分浇水，除保持盆土湿润外，还要注意有较高的空气湿度，空气干燥时向植株周围洒水。特别是夏季，每天要浇1~2次水，如果缺水，就会引起叶片萎缩。浇水忌盆土时干时湿，易使叶片变黄。

③**温湿度** 喜温暖又耐寒，生长适温为13℃~22℃，冬季越冬温度为5℃。

④**施肥** 每月施2~3次稀薄液肥，施肥时不要沾污叶面，以免引起烂叶。出于铁线蕨的喜钙习性，盆土宜加适量石灰和碎蛋壳，经常施钙质肥料效果会更好。冬季要减少浇水，停止施肥。

⑤**日照** 铁线蕨喜明亮的散射光，忌阳光直射。光线太强，叶片枯黄甚至死亡。

⑥**病虫害** 盆栽铁线蕨，常有叶枯病发生，初期可用波尔多液防治，严重时可用70%的甲基托布津1000~1500倍液防治。若有介壳虫危害植株，可用40%的氧化乐果1000倍液进行防治。

繁殖要点

分株繁殖。一般在早春结合换盆进行。将母株从盆中取出，切断其根状茎，使每块均带部分根茎和叶片，然后分别种于小盆中。根茎周围覆混合土，灌水后置于阴湿环境中培养，即可取得新植株。

换盆要点

铁线蕨生长快，需每年春季进行换盆。换盆时注意需填加新的培养土。

修剪要点

养护过程中发现有枯叶时应及时剪除，以保持植株清新美观，并有利新叶萌发。叶丛过密时可在每年秋季将老叶适当修剪，不然枝叶过于杂乱拥挤，就会导致生长衰弱、叶片发黄。

> **Tips 专业小提示　铁线蕨的药用价值**
>
> 铁线蕨可入药，用来治疗流行性感冒、咳嗽、肝炎、痢疾、腰痛、尿道结石、乳痛、痨伤、跌打损伤、烧烫伤、蛇咬伤、疔毒等。

南洋杉 Araucaria

学名：Araucaria cunninghamii Sweet
别名：异叶南洋杉、小叶南洋杉、塔式南洋杉
科别：南洋杉科，南洋杉属
种植难易指数：★★
观赏期：全年

南洋杉原产于澳大利亚诺和克岛，属常绿乔木，在原产地高达60～70米。树形为尖塔形，树形高大，枝叶茂盛，叶片呈三角形或卵形，姿态优美，是珍贵的室内盆栽装饰树种，幼苗盆栽适用于一般家庭的客厅、走廊、书房的点缀，显得十分高雅；还可作为馈赠亲朋好友开业、乔迁之喜的礼物。

养护要点

①**介质** 盆栽要求疏松肥沃、腐殖质含量较高、排水透气性强的培养土。

②**浇水** 喜湿润环境，忌干旱，但不耐积水，平时保持盆土湿润即可。夏季因蒸发量较大，可适当多浇水，还应经常喷水增湿降温；雨天需防雨淋；冬季要控制浇水，以防水大烂根。

③**温湿度** 喜气候温暖，空气清新湿润，不耐寒，在气温25℃～30℃、相对湿度70%以上的环境条件下生长最佳。春季在谷雨节后方可出室，秋季10月初入室。冬季室温最好能保持在15℃～25℃之间，应不低10℃，若温度长期低于10℃易遭受冻害。

④**施肥** 可在生长期每月施一次以磷钾肥为主的稀液肥，如过多施用氮肥易使植株徒长，不利于观赏和在室内摆放。冬季停止施肥。

⑤**日照** 喜光，但怕强光。春秋两季不需遮阴，夏季应遮去中午的阳光，以免灼伤叶片，幼苗更怕暴晒，因此定植后要马上遮阴。冬季在室内应放置于光照充足处。

⑥**病虫害** 常见病害有炭疽病、叶枯病。

常见虫害有介壳虫。

繁殖要点

春季采集侧芽抽出的直立新梢或徒长枝条作插穗。插穗长7厘米，插入温度13℃～16℃、空气相对湿度60%～80%的温室沙床即可生根。或将幼树截顶，待顶端侧芽抽出直立新梢，春季再剪下枝条扦插。若用侧枝、弱枝作插穗，培养的植株则冠形不正，失去观赏价值。

换盆要点

南洋杉每两年换一次盆，应于春季出室后进行，可视植株生长情况换大一号的盆，在盆底放几片马蹄片做基肥，添加适量新土浇一次透水后放置于遮阴处，一周后进入正常管理。

罗汉松 Yacca tree

学名：Podocarpus macrophyllus
别名：罗汉杉、长青罗汉杉、土杉、金钱松、仙柏、罗汉柏、江南柏
花语：长寿，守财吉祥
科别：罗汉松科，罗汉松属
种植难易指数：★★
观赏期：全年

罗汉松原产于中国，属常绿乔木。树冠广卵形，可高达18米，通常会修剪以保持低矮。叶条状披针形，表面暗绿色，背面灰绿色，有时被白粉，排列紧密，螺旋状互生。其树形古雅，神韵清雅挺拔，自有一股雄浑苍劲的傲人气势，种子与种柄组合奇特，惹人喜爱。树苗可作为盆栽置于室内。

养护要点

①**介质** 喜温暖湿润和肥沃沙质壤土。

②**浇水** 耐阴湿，怕水涝，夏天湿度要相对大些。为防止干旱、保持空气潮湿，最好喷洒"新高脂膜"，防止水分蒸腾，抗旱保湿。

③**温湿度** 耐寒性略差，冬季盆栽注意防寒，盆钵可埋入土内，并减少浇水。

④**施肥** 喜肥，应薄肥勤施，可每次喷含复合肥0.5%～1.0%的水肥或稀薄饼液水肥。

⑤**日照** 属中性偏阴性植物，能接受较强光照，也能在较阴的环境下生长。虽然夏季温度较高，阳光强烈，但由于罗汉松大树在高温强光的条件下有利于保持树姿叶形，所以在夏季也不必对罗汉松大树进行遮阴。小苗由于组织幼嫩，不宜长时间强光照射，建议最好放在树荫下养护。

⑥**病虫害** 主要有叶斑病和炭疽病危害，用50%甲基托布津可湿性粉剂500倍液喷洒。

虫害有介壳虫、红蜘蛛和大蓑蛾危害，可用40%氧化乐果乳油1500倍液喷杀。

平安树 Lauraceae

学名：Cinnam omum kotoense Kanehiraet Sasaki

别名：兰屿肉桂、红头屿肉桂、红头山肉桂、芳兰山肉桂、大叶肉桂、台湾肉桂

科别：樟科，樟属
观赏期：全年
种植难易指数：★★
花语：祈求平安，合家幸福，万事如意

平安树原产于中国台湾的兰屿岛，为常绿小乔木，树形端庄，株高可达10～15米，小枝黄绿色，光滑无茸毛。叶片对生或近对生，卵形或卵状长椭圆形。开花，圆锥花序腋生或近枝端着生，花白色。一般盆栽平安树很少开花，特别是在北方，很难看到开花。

平安树能散发出祛除异味、净化空气的香味，是室内盆栽的好选择。

养护要点

①**介质** 盆栽或袋培平安树，宜采用疏松透气、排水通畅、富含有机质的肥沃酸性培养土或腐叶土。

②**浇水** 盆栽植株应经常保持盆土湿润，但又不得有积水，环境相对湿度以保持80%以上为好。入秋后应控制浇水，冬季则应多喷水，少浇水。如果盆土内有积水，易导致植株黄化，下部叶片发黄后脱落，严重者会造成植株烂根死亡，梅雨季节应特别引起重视。

③**温湿度** 喜温暖湿润，生长适温为20℃～30℃，不耐5℃以下的低温。盛夏时节，当气温超过32℃以上后，要给予搭棚遮光和叶面喷水，借以增湿降温，使其能维持旺盛的生长势。

④**施肥** 平安树需肥量较大，盆栽植株除要求培养土肥沃外，自仲春至初秋，可每月追施一次稀薄的饼肥水或肥矾水等；入秋后，应连续追施两次磷钾肥以增加植株的抗寒性，促成嫩梢及早木质化，使其平安过冬；冬季应停止一切形式的追肥，以防肥害伤根，导致叶片黄化或枯焦脱落，否则很难恢复植株原貌。

⑤**日照** 喜阳光充足，喜光又耐阴，它的旋光性随着年龄的不同而有所变化，幼树耐阴，3年至5年生植株，在有庇荫的条件下，株高生长快，6年至10年生植株，则要求有比较充足的

光照。盆栽植株在夏季可移放于树荫下或遮光40%至50%的遮阳棚下，则生长比较理想。若光线过强，易造成叶片发黄而失神。

⑥病虫害 常见病害有炭疽病、褐斑病、褐根病。炭疽病发病初期，用25%的炭粉灵可湿性粉剂500倍液，或60%的炭必灵可湿性粉剂700倍液，或75%的甲基托布津可湿性粉剂600倍液，交替喷洒，每隔10～15天一次，连续 3～4次。褐斑病可用1%的波尔多液，进行预防；出现少量病叶，及时摘除烧毁；发病初期用50%的多菌灵可湿性粉剂500倍液，或50%的苯菌灵可湿性粉剂1000倍液，或50%的杀菌王水剂1000倍液，每隔10天交替喷洒一次，连续3～4次。褐根病发病初期，喷洒50%的甲基硫菌灵·硫磺悬浮剂800倍液，或50%的根腐灵可湿性粉剂800倍液，进行防治；重病株及因病枯死的植株，要连根拔除并烧毁，并用50%的多菌灵可湿性粉剂600倍液消毒。

常见虫害有卷叶虫、蚜虫。卷叶虫可用90%的敌百虫晶体800倍液，或40%的乐果乳油1000倍液喷杀。嫩叶及新芽上易发生蚜虫刺吸危害，可往植株上撒上草木灰后，用清水冲洗干净；也可喷洒苦楝树叶汁液；用10%的吡虫啉可湿性粉剂2000倍液喷杀。

换盆要点

盆栽植株，每年的翻盆换土时间，最好安排在春季出房后至萌芽前进行比较合适。

Part 4
四季变化的应对管理方法
Tips of Four Seasons' Care

四季的变化,会影响日照时间,适时将摆放在阳台上的植物调整位置,按照每个季节植物的特性作位置调整是很重要的。

一、春季

这个季节是花草生长最美的时候,是最适合布置花园的时机,却也是各种虫害最易发生的时期。

1. 更换植栽

此时可以购买些新苗株,与原有的植物互相搭配栽种,或是将已过冬无法再生长的植物换掉。栽种新株苗时很容易伤到植物的根部,不过经过适当照顾后,受伤的根部是很容易复原的。

2. 仔细摘除凋零的花朵,掌握好浇水时间

由于这是植物开花种类最多的季节,所以很适合赏花。在赏花之余,可趁机仔细摘除已凋谢的花朵,以延长植物开花及赏花的时间。这个季节的日光强度对植物来说是最适合的,可以让植物好好享受"日光浴"。浇水的标准以发现土壤表面出现干燥状时为准,而且最好选择在早晨。

3. 慎防病虫害

春天一到,冬天休息的害虫又开始活跃,因此这一季节最易发生病虫害,尤其是染上蚜虫。所以很有必要每天仔细检查新芽、花颈,以及叶子背面等地方,看是否有小虫附着活动。若是发现小虫的踪迹却放任其继续附着,很容易让其大量繁殖,所以一定要尽早处置为佳。蚜虫很讨厌金盏草的香味,可在靠近花园中央处种些金盏草来预防。此外还要特别注意螟蛉虫。

二、夏季

对于阳台花园来说,夏天是较酷热的季节,并注意植物容易干燥的特性,所以要花点心思避免阳光直射植物。

1. 避免阳台气温升高及防止阳光直射植物

夏天阳台若受到强烈的阳光直射,墙壁及地上的温度会随之迅速上升,因各种场所不同其上

升程度也会有所不同。此时可以在阳台地面铺上木地砖,在墙面搭建些木架或格子状棚架,以防止阳光直接接触水泥而让气温迅速上升。也可以在容易受到日光直射及太阳西晒的区域摆放高大点的树木,以达到遮蔽阳光的效果,特别是朝南及朝西的阳台更要注意。

2.为防止环境湿热应随时将植物移至明亮阴凉处

夏天属于高温潮湿的天气,植物很容易因为湿热而受伤。为了保持植物拥有通风良好的生长环境,应时常修剪生长过盛的枝叶,并修剪重叠在一起的枝干。怕热的香草类植物,在梅雨季节的前后期间更要注意经常修剪;害怕日光直射的植物,则应移至明亮阴凉处。

3.不要将植物放置在空调室外主机热风吹出的范围内

空调机的室外主机所吹出的热风是植物的最大敌人。在放有空调室外主机的阳台上,主机所吹出的热风若正对着植物,会烧伤植物的叶子,因此要注意不要把阳台上的植物放置于主机热风吹出的范围之内。

4.浇水的时间应选在早晨或傍晚,并注意植物的干燥状况

浇水时间应选在早晨或傍晚。如果植物出现干燥的状况或是花器容量较小,则可以在早晨及傍晚浇水两次。白天气温过高的时间浇水会伤害植物,应尽量避免。

傍晚浇水后,可以使阳台地面冷却,具有降温的效果。若植物过于干燥,容易感染粉介壳虫病,浇水时从叶面直接喷洒水滴,让水滴边洗叶子边往下流可以防止。

三、秋季

应预防大风来袭后引起的灾害,阳台栏杆上的植物应移至阳台地面栽种。

1.注意植物安全

如果有大风接近,应赶快将放置在栏杆上的花盆或是吊在栏杆上的吊篮植物取下,移至地

上放置。较高的植物也容易被风吹倒，因此一定要移至靠近栏杆处，并在不伤害枝叶的前提下，绑上绳子以防止植物倾倒。那些较小尺寸的塑胶花盆应集中放置在厚纸箱中保存，防止发生滚动。除了注意植物的安全外，阳台中的其他器具或是装饰物等也应收好，以免造成伤害。

2.摘除凋零花朵，保持阳台清洁

秋天也是植物开出许多美丽花朵的季节，只要记得时常仔细摘除凋谢的花朵，就能延长花朵的开花时间。越近秋末越是落叶多的时节，应经常扫除落叶，保持阳台清洁。

四、冬季

天气若过于寒冷应将植物移至室内。

1.将植物移至日照最佳的地方栽种

在较暖和的南部地区，即使在冬天也能享受阳台花园的乐趣。这个季节可以将植物移至日照佳或是靠近室内的地方，以及将其挂在栏杆上，让植物尽可能接受日照。但是一定要注意别让植物吹到寒冷的北风，以避免风害。碰到气温超低的时候，应在晚上将植物移至室内放置，或是以厚纸箱等盖在植物上方保温。

2.选在早上十点前浇水

冬天浇水的时间应特别留意。早上十点前为最佳时间，虽然这个时间段较难掌控，但却不用担心植物冻伤。如果傍晚以后浇水，会使残留在土壤里的水分因为夜里的低温，造成植物根部冻伤，因此冬天浇水的时间应特别注意。

3.在较寒冷的地方应移至室内栽种

在较寒冷的地方，应将植物白天放置在阳台上照射日光，晚上则移至室内摆放。如果是怕冷的植物，则应全部移至室内栽种，白天放在窗边吸收日光。对于那些较耐寒的植物，则可以运用些花园装饰品来装点，让阳台拥有不一样的美感。

另外，在阳台上设置些简易温室的装备也是可以让植物过冬的方法之一。

附录 盆栽植物索引

植物名	主要习性
蝴蝶兰	喜水,喜潮湿,喜高温,不喜浓肥,耐半阴,忌烈日直射
大花蕙兰	喜水,喜高温,喜肥
文心兰	半喜水,喜气候温和,忌浓肥,喜阳光
君子兰	较耐旱,喜凉爽,忌高温,喜肥,喜弱光,忌强光
水仙花	喜水,较耐旱,喜温暖湿润,怕浓霜与严寒,喜肥,喜光照
月季	喜湿润,喜气候温和,较喜肥,喜光
梅花	较湿润,耐高温、低温,不喜大肥,喜阳光充足
钻石玫瑰	干湿适中,喜温暖,喜稍浓有机肥,喜阳光充足
百合	忌干旱,喜湿润,怕涝,喜凉爽潮湿,忌酷暑,喜肥,喜充足光照
茉莉花	喜水,喜温暖湿润,喜肥,喜光
非洲紫罗兰	喜温暖,忌高温,半阴性,较耐阴
虎刺梅	耐旱,喜温暖干燥,不喜浓肥,喜阳光充足
康乃馨	较耐旱,忌湿涝,喜温暖湿润,喜肥,喜阳光充足
五彩石竹	耐旱,忌积水,喜阳,耐寒,喜薄肥,全日照
薰衣草	耐旱,喜干燥,半耐热性,好凉爽,喜冬暖夏凉,不宜施肥过多,全日照
一串红	怕积水,喜温暖,喜肥,全日照,耐半阴
万寿菊	耐旱,喜温暖湿润,全日照
大波斯菊	喜湿润,怕积水,喜温暖,忌肥,全日照
山茶花	开花和生长期略湿,休眠期略干,喜温暖湿润,忌过冷过热,喜肥,喜阳光
杜鹃花	喜阴湿,不宜过干,喜温暖,较喜肥,忌浓肥,喜光
金鱼草	耐湿,怕旱,不耐热,较耐寒,喜肥,喜阳光,也耐半阴
桔梗	忌积水,耐旱,喜凉爽湿润,耐寒,全日照至半日照
矮牵牛	喜低温,不宜施肥过多,长日照
风信子	不耐旱,喜冬季温暖、湿润,夏季凉爽稍干燥,喜肥,也耐贫瘠

鸿运当头	喜湿润，喜温暖，忌过肥，喜散射光，忌直射光
三角梅	喜温暖湿润，不耐寒，喜光
荷花	喜水，喜高温，喜肥，长日照
睡莲	喜水，喜高温，喜肥，全日照
五彩石竹	耐干旱，忌积水，喜阳，耐寒
勋章菊	喜湿润，耐高温，喜光
瓜叶菊	喜湿润，忌排水不良，施薄肥，生长期内喜阳光
大丽花	喜水但忌积水，既怕涝又怕旱，喜肥，喜光照
比利时杜鹃	施肥不宜过浓，喜半阴，怕强光直射
荷包花	浇水掌握间干间湿的原则，每半月施肥1次，长日照
醉浆草	不惧怕低温，喜光
宝莲灯花	耐旱，宜在充足而柔和的阳光下生长
玫瑰海棠	喜温暖、湿润和半阴环境，短日照
欧洲报春花	喜湿润，喜肥，喜光，但忌强烈阳光照晒
文竹	喜温暖湿润，不耐严寒，喜薄肥，喜半阴
吊兰	喜湿润，较耐旱，喜温暖，较喜肥，喜半阴
万年青	怕积水，喜温暖湿润，喜半阴，忌阳光直射
巴西铁	喜半干半湿，喜高温
马尾铁	宁湿勿干，喜高温，耐阴
富贵竹	喜阴湿，喜高温，喜半阴
虎尾兰	耐恶劣环境和久旱，性喜温暖湿润，施肥不应过量，喜阴或半阴
酒瓶兰	较耐旱，喜温暖湿润，薄肥勤施，喜阳光
常春藤	不宜过度浇水，喜阴凉，喜肥，喜阴
福禄桐	喜湿润，喜高温，不甚耐寒，需明亮的光照，较耐阴，忌强光暴晒
发财树	较耐旱，喜温暖，喜肥，喜阳光照射
仙人掌	耐旱，喜高温，适量施肥，喜阳光充足

仙人球	耐旱，不耐寒，喜阳光充足
金手指	耐旱，喜热，喜光，但夏季应遮荫
龙骨	耐旱，喜干燥壤土，不耐寒，怕低温霜冻，喜光，耐晒
玉麒麟	耐旱，浇水宜少不宜多，不耐寒，不宜大肥，喜阳光，又怕烈日暴晒
玉蜻蜓	耐旱，喜高温，耐阴，半日照
一品红	喜温暖湿润，喜肥，短日照
富贵树	耐旱，喜高温，喜光
含羞草	喜湿润，喜温暖，耐寒性较差，喜光线充足，略耐半阴
花叶络石	较耐旱，耐热，耐寒，属喜光，强耐阴
黑金刚	喜水，不耐水渍，喜暖湿，不耐寒，喜肥，耐阴
绿萝	喜湿润，喜较高温，耐阴
红掌	喜温暖潮湿，不耐寒，喜肥，喜阴
白掌	喜潮湿，不耐寒，喜肥，喜半阴
滴水观音	喜湿，喜高温，较喜肥，喜半阴
金钱树	较耐旱，喜暖热略干，畏寒冷，喜肥，喜光，较耐阴，忌强光直射
金钻	喜土壤湿润，忌过干，喜温暖，喜肥，喜半阴或散射光
芦荟	耐旱，最怕积水，怕寒冷，喜肥，喜光
网纹草	喜温，喜温暖，不耐寒，喜肥，喜中等强度的光照，忌阳光直射，较耐阴
鸟巢蕨	喜湿，喜高温，不耐寒，喜肥，喜阴，不耐强光
波斯顿蕨	耐旱，喜温暖，喜半阴
南洋杉	喜湿润，忌干旱，不耐积水，喜温暖，喜光，但怕强光
罗汉松	耐阴湿，怕水涝，耐寒性略差，喜肥，中性偏阴性
平安树	喜温暖湿润，喜肥，喜阳光充足又耐阴
观音莲	喜半阴，忌强光暴晒，夏季高温需水量大
铁线蕨	喜温暖、湿润，耐寒，喜明亮的散射光，忌阳光直射

图书在版编目(CIP)数据

拈花惹草 / 魏朝霞编著. --成都：成都时代出版社，2011.11
ISBN 978-7-5464-0494-3

Ⅰ.①拈… Ⅱ.①魏… Ⅲ.①盆栽—观赏园艺 Ⅳ.①S68

中国版本图书馆 CIP 数据核字(2011)第 183853 号

拈花惹草
NIANHUA RECAO

魏朝霞 编著

出 品 人	段后雷　罗晓
责 任 编 辑	周　慧
责 任 校 对	傅代彬
装 帧 设 计	⊙中映良品（0755）26740502
责 任 印 制	莫晓涛
出 版 发 行	成都传媒集团·成都时代出版社
电　　　话	（028）86619530（编辑部）
	（028）86615250（发行部）
网　　　址	www.chengdusd.com
印　　　刷	深圳市华信图文印务有限公司
规　　　格	787mm×1092mm　1/16
印　　　张	10
字　　　数	200千
版　　　次	2011年11月第1版
印　　　次	2011年11月第1次印刷
印　　　数	1-15000
书　　　号	ISBN 978-7-5464-0494-3
定　　　价	35.00元

著作权所有·违者必究。举报电话：(028)86697083
本书若出现印装质量问题，请与工厂联系。电话：(0755)29550097